W0058400

Norbert Klups

Jagdwaffen-kunde

Waffen, Munition, Zieloptik

KOSMOS

Das Handwerkszeug des Jägers

Waffe und Munition sind das Handwerkszeug des Jägers. Der sichere Umgang damit und das Grundwissen über die Technik sind Voraussetzung für eine waidgerechte Jagdausübung. Sie sind aber auch Voraussetzung, um die Jägerprüfung zu bestehen, denn Jagdwaffenkunde ist ein Sperrfach – wer hier durchfällt, kann keinen Jagdschein bekommen. Dieses Buch soll drei Aufgaben erfüllen. Es soll den angehenden Jungjäger auf die Jägerprüfung im Fach Jagdwaffenkunde vorbereiten, ihm nach bestandener Jägerprüfung bei der Auswahl der Jagdausrüstung Hilfestellung leisten und später als Nachschlagwerk dienen, wenn Fragen über Waffen, Munition oder Jagdoptik aufkommen.

Die ersten Kapitel widmen sich dem Grundwissen über die Technik der einzelnen Waffenarten, der Zieloptik und der Ballistik der Jagdmunition. Sie legen den Grundstein, um die Jägerprüfung zu meistern und beim Kauf von Waffe, Optik und Munition die richtige Wahl zu treffen.

Dem Kauf von Gebrauchtwaffen und allem, was bei deren technischer Überprüfung zu beachten ist, wurde ein eigenes Kapitel gewidmet, denn viele Jungjäger verfügen nicht über die finanziellen Mittel, um die gesamte Jagdausrüstung sofort neu zu erwerben. Der Gebrauchtwaffenmarkt bietet eine gute Gelegenheit, Geld zu sparen – bei einem Fehlkauf kann es aber auch teuer werden! Waffen sind sehr langlebig, wenn sie richtig gepflegt werden. Wer hier etwas falsch macht, kann aber auch schweren Schaden anrichten. Ein ungepflegtes Gewehr schießt nicht nur schlecht, es kann auch leicht zur Gefahr für seinen Besitzer oder andere Personen werden. Auch die Waffenpflege wurde daher in einem Kapitel behandelt.

Um sicher zu treffen, muss die Büchse präzise eingeschossen werden. Wer seine Büchse selbst einschießt und regelmäßig einen Kontrollschuss abgibt, kann sicher sein, dass die Waffe auch verlässlich arbeitet, und weiß genau, was er sich und seiner Büchse zutrauen kann. Im Kapitel über das Einschießen von Kugelwaffen wird genau erklärt, was zu beachten ist, um das Zielfernrohr zu justieren, und wie Abzugs- oder Anschlagsfehler vermieden werden.

Der Umgang mit Waffen, Munition und Jagdoptik ist nicht sehr schwierig, aber Fehler können auch schwerwiegende Folgen haben. Nur wer die Technik seiner Waffe versteht, kann auch sicher damit umgehen und weiß, wie er im Falle einer Fehlfunktion zu reagieren hat.

Dieses Buch vermittelt alles Wissenswerte rund um unsere Jagdwaffen, Munition und Jagdoptik und es beschreibt detailliert, wie eine Jagdwaffe gepflegt und eingeschossen wird.

Norbert Klups

Ein Blick zurück

Vom Bleibatzen zum Hochrasanzgeschoss

Die Jagd spielte in der Entwicklung des Menschen eine bedeutende Rolle, und an ihr ist der technische Fortschritt deutlich erkennbar, der von der Keule bis zur Hightechwaffe reicht.

Der größte Entwicklungsschritt und ein Wendepunkt war die Erfindung des Schießpulvers. Sie ermöglichte den Bau von weitreichenden Jagdwaffen, die dem Jäger die Möglichkeit gaben, seine Beute auf größere Distanz zu erlegen, als dies mit Speer oder Bogen möglich war. Die stetige Weiterentwicklung zwang ihn aber auch zum Umdenken hinsichtlich der Wirkung seiner Jagdwaffen.

Rasante Entwicklung

War anfangs beim Verschießen reiner Bleikugeln alles noch schön einfach und reduzierte sich auf die Formel „großes Loch = große Wirkung", so wurde mit der Erfindung des rauchschwachen Pulvers und der Einführung der Mantelgeschosse Ende des letzten Jahrhun-

derts alles anders. Plötzlich spielte die Auftreffgeschwindigkeit und das Verhalten des Geschosses im Ziel eine wesentliche Rolle und es wurde auf viel größere Entfernungen geschossen, was auch zunehmend präzisere Waffen erforderlich machte.

Die Waffenentwicklung musste den steigenden Ansprüchen folgen. Das technische Karussell begann sich rasend schnell zu drehen, eine Erfindung überholte die andere und warf gerade gewonnene Erkenntnisse wieder über den Haufen. Jetzt kamen gezogene Büchsenläufe auf und die Geschosse wurden drallstabilisiert. Als man dann Metallhülsen mit Mantelgeschossen bestückte und mit rauchschwachem oder später sogar rauchlosem Pulver lud, musste von vollkommen anderen Voraussetzungen ausgegangen werden.

Die zunächst eingeführten dünnwandigen Kupfermäntel für Büchsengeschosse lösten zwar die innenballistischen Probleme und zeigten sich der Beanspruchung durch die höhere Geschwindigkeit und den gezogenen Büch-

▼ **Waffen mit Steinschlosszündung waren die ersten brauchbaren Feuerwaffen für die Jagd. Die älteren Luntenschlosswaffen benötigten eine viel zu lange Zündzeit.**

◀ Mit der Erfindung des rauchlosen Büchsenpulvers ging die Ära solcher Bleigeschosse zu Ende.

senläufen durchaus gewachsen, befriedigten aber in der Wirkung auf das Wild nicht mehr. Ursache für diese unbefriedigende Wirkung war die Tatsache, dass die ersten Mantelgeschosse Vollmantelgeschosse waren.

Teilmantelgeschosse, Kupfer- und Flusseisenmäntel

Man ging also zu Teilmantelgeschossen über und ließ die Geschossspitze frei von der Ummantelung. Die Erfolge wurden zunächst besser. Doch die Entwicklung ging weiter und durch die neuen Kordit- und später Nitropulver stiegen die möglichen Geschossgeschwindigkeiten der Büchsenpatronen stetig an. Die dünnen Kupfermäntel waren dem nicht gewachsen und wurden durch Flusseisen ersetzt.

Spezialkonstruktionen

Das hatte Folgen für die Zielballistik. Jetzt gab es erneut Schwierigkeiten beim Schuss auf Wild, denn die zu große Wandstärke begrenzte die Deformation und damit die Wirkung. Die Lösung wurde in einer Vergrößerung der Bleispitze und in dünneren Mänteln gesucht. Je mehr aber die Anfangsgeschwindigkeit (V_0) der Geschosse gesteigert wurde, umso stärker zersplitterten sie, sodass

die Tiefenwirkung verloren ging. Die Geschosse zerlegten sich direkt nach dem Auftreffen in wirkungslose Splitter und waren nicht in der Lage, die lebenswichtigen Organe des Wildes überhaupt zu erreichen.

Zur Lösung dieses Problems wurden Spezialkonstruktionen geschaffen, die sich nur bis zu einem bestimmten Punkt zerlegten oder deformierten und noch so viel Geschossmasse behielten, um eine Wirkung in der Tiefe des Wildkörpers zu erzielen.

Neue Waffen, neue Anforderungen

Eine ähnliche Entwicklung war bei der Waffentechnik zu verzeichnen. Die stetig stärker werdenden Büchsenpatronen verlangten nach besseren Verschlüssen, die in der Lage waren, den hohen Gasdrücken auf Dauer standzuhalten. Einfache Verriegelungen bei den Kipplaufwaffen durch Laufhaken genügten nicht mehr und auch die Repetierbüchsensysteme wurden weiterentwickelt, bis mit dem Mauser-98-Verschluss ein System zur Verfügung stand, das fast allen Ansprüchen genügte.

Spezialgeschosse machen's kompliziert

Spätestens mit der Entwicklung hinsichtlich Aufbau und Mantelstärke differenzierter Spezialgeschosse wurde es kompliziert. Der Jäger musste sich einfach intensiv mit seinen Jagdgeschossen befassen. Überall auf der Welt werden seither unterschiedlichste Geschosskonstruktionen entwickelt, die die jetzt möglichen hohen Geschossgeschwindigkeiten in optimale Wirkung umsetzen können.

Präzise, aber empfindlich

Die Büchsen wurden immer präziser und die Einführung von vergrößernden Zieloptiken ermöglichte es dem Jäger, diese Präzision auch umzusetzen. Dafür musste er sich jetzt mit Problemen herumschlagen, die der Schwarzpulverschütze nicht kannte.

Seitenwind war bei seinen kurzen Schussdistanzen und schweren Bleibrocken kein Thema und auch die Ablenkung durch kleine Hindernisse störte ihn wenig. Moderne Hochrasanzgeschosse zerlegen sich dagegen schon an einem Grashalm und werden durch Querwind locker einen halben Meter aus der Bahn geworfen.

Passen muss alles

Bei den jetzt möglichen großen Schussentfernungen muss der Jäger auch noch eine Menge mehr beachten, wenn er sein Ziel präzise treffen will. Eine passende Auflage für die Waffe ist genauso wichtig wie ein sauberer und ölfreier Lauf und eine parallaxefreie Optik. Hier hat die moderne Technik also auch eine Menge Probleme gebracht und nicht nur Vorteile geschaffen.

Der Umgang mit der Jagdwaffe ist bedeutend komplizierter geworden. Auch die Ansprüche der Jäger an ihre Waffen wuchsen mit der fortschreitenden Technik. War man früher froh, ein Stück Schalenwild auf 80 m sauber zu treffen, verlangt der moderne Jäger von seiner Waffe ganz andere Leistungen. 3-cm-Streukreise auf 100 m mit fünf Schüssen sind heute nichts Besonderes mehr und Berg- oder Varmintjäger schießen auf kleinste Ziele über Distanzen von über 300 m. Die Waffenindustrie ist heute in der Lage, solche Wünsche zu befriedigen und Waffen anzubieten, die hochpräzise sind und, mit entsprechenden Zieloptiken ausgestattet, auch auf weite Distanz treffen. Beim Kauf einer solchen Büchse muss der Jäger aber sehr genau wissen, was er will und wie er diese Waffe einsetzen wird. Nur wenn Waffe, Zielfernrohrmontage, Zielfernrohr und Patrone genau aufeinander abgestimmt sind, wird sich das gewünschte Ergebnis einstellen.

▶ Nach jahrhundertelanger Entwicklung der Waffentechnik stehen heute ausgefeilte und hochpräzise Jagdwaffen wie z. B. dieser Geradezug-Repetierer der Firma Blaser mit Lochschaft zur Verfügung.

Flinten

Bock- und Querflinten

Die doppelläufige Flinte, sei sie mit über-
einander- oder nebeneinanderliegenden Läufen ausgestattet, ist die weltweit
meistgebrauchte Jagdwaffe. Sie findet
sich wohl im Waffenschrank jedes Jägers
und ist meist die erste Waffe, die nach
bestandener Jägerprüfung erworben wird.
Das Angebot ist heute fast unüberschau-
bar geworden und es drängen immer
neue Anbieter mit einer Vielzahl von
Modellen auf den heiß umkämpften
Markt. Die Preisspanne ist entsprechend
groß und schon für unter 500 Euro ist
eine robuste Flinte zu haben. Nach oben
ist natürlich alles offen. Für eine Luxus-
flinte aus englischer oder belgischer
Produktion lässt sich leicht so viel Geld
wie für einen Mittelklassewagen ausge-
ben. Die Wahl wird also nicht nur von
den jagdlichen Möglichkeiten und dem
Geschmack, sondern vor allem vom eigenen Geldbeutel bestimmt. Bei kaum einer
anderen Jagdwaffe hat der Käufer so viele
Optionen wie bei der Flinte.
Allein von der Bauart her stehen neben
den Kipplaufwaffen auch noch Selbstladeflinten und Repetierflinten zur Verfügung – auch wenn diese Spielarten der
Schrotwaffen bei deutschen Jägern lange

▼ Frage Nr. 1: Bock-
oder Querflinte?

nicht eine so große Rolle spielen wie
im Ausland. Schaut man z. B. über den
großen Teich in die USA, so ist dort die
Selbstladeflinte dominierend und die
Kipplaufwaffe dagegen eher die Ausnahme. Wenden wir uns jedoch zunächst den
Kipplaufflinten zu.

Über- oder nebeneinander?
Zuerst muss einmal die Frage geklärt
werden, ob es eine Bockflinte oder eine
Querflinte sein soll. Beide Versionen
der Laufanordnung haben ihre Vor- und
Nachteile.
Während die Bockflinte durch die über-
einanderliegenden Läufe weniger vom
Ziel verdeckt, einen handfüllenden
Vorderschaft besitzt und meist robuster
ist, bietet die Querflinte den Vorteil des
geringeren Öffnungswinkels und wird im
Allgemeinen als „führiger" angesehen.
Die Querflinte hat in der Regel auch das
geringere Gewicht, obwohl es heute auch
erstaunlich leichte Bockflinten gibt. Im
Allgemeinen ist es jedoch einfacher, eine
leichte Querflinte zu bauen als eine leichte Bockflinte. Während sich die Bockflinte
auf den Schießständen in den letzten
Jahren durchgesetzt hat, ist bei den
reinen Jagdwaffen eher ein Comeback der
Querflinte zu beobachten. Um sich zu
entscheiden, sollte man mit beiden Typen
geschossen haben und dann wählen,
womit man besser zurechtkommt. Das
Schussverhalten der beiden Bauarten ist
unterschiedlich. Anfänger kommen meist
besser mit der Bockflinte zurecht, denn
deren Rückstoßverhalten ist aufgrund des
höheren Gewichts und des geradlinigen
Rückstoßes angenehmer.

Kaliber
Neue Flinten werden fast ausschließlich im Kaliber 12 verkauft, und zwar

heute vorwiegend mit Patronenlagern für 76 mm Hülsenlänge. Diese Flinten haben einen verstärkten Beschuss und aus ihnen lassen sich auch die bei der Wasserwildjagd vorgeschriebenen bleifreien Schrotpatronen problemlos verschießen. Hat die Flinte keinen verstärkten Beschuss, ist der Jäger auf die nicht so leistungsfähigen Zinkpatronen oder Standard-Weicheisenschrotpatronen mit Schrotgrößen bis 3,2 mm angewiesen oder muss zu sehr teuren Alternativen wie Bismutschrot greifen.

16er- oder 20er-Flinten haben eigentlich keine Vorteile außer ihrem geringen Gewicht, und auch das gilt nur dann, wenn beim Bau wirklich echte 16er- oder 20er-Verschlusskästen benutzt werden und nicht nur ein 16er- oder 20er-Laufbündel in einen 12er-Kasten eingelegt wird. 12er-Schrotpatronen sind mit Vorlagegewichten von 24 g bis 40 g erhältlich, und damit lässt sich auch das gesamte Leistungsspektrum der 16er- und 20er-Patronen abdecken.

Soll die Flinte auch sportlich eingesetzt werden, ist das Kaliber 12 unbedingt zu empfehlen, denn nur in diesem Kaliber sind gute Trap- und Skeet-Patronen zu erstaunlich günstigen Preisen zu bekommen. Der Preis von Schrotpatronen ist stark von der Fertigungsmenge abhängig und im Kaliber 12 werden wesentlich mehr Patronen produziert als in den anderen Kalibern.

Tipp

Eine neue Flinte sollte im Kaliber 12/76 gekauft werden und einen verstärkten Stahlschrotbeschuss haben. Dann können bei der Jagd auf Wasserwild auch alle bleifreien Schrotpatronen eingesetzt werden.

Schlosse

Bei der Schlossauslegung stehen Blitzschlosse, Anson-Schlosse und Seitenschlosse zur Wahl.

Blitzschloss

Das Blitzschloss ist die einfachste und auch preiswerteste Möglichkeit. Hier ist die gesamte Mechanik auf dem Abzugsblech montiert.

Nachteilig an Blitzschlossen sind die relativ hohen Abzugsgewichte, die bei diesem Schlosstyp aus Sicherheitsgründen eingehalten werden müssen. Unter zwei Kilogramm lassen sich Blitzschlosse kaum justieren. Meist stehen sie sogar deutlich härter.

Anson-Schloss

Teurer, aber auch wesentlich besser sind Anson-Schlosse. Die Schlossteile sind hier in der Basküle untergebracht. Bei der verbesserten Ausführung mit oben liegenden Stangen lassen sich die Abzüge problemlos auf Werte um die 1,6 kg justieren. Damit lässt sich komfortabel schießen.

Leider liegen die Abzüge der meisten Serienwaffen erheblich über diesem Wert. Das Nacharbeiten der Abzüge

▲ Das Kaliber 12 ist heute dominierend. Es bietet die größte Munitionsauswahl.

▶ **Beim Blitzschloss sind alle Schlossteile auf dem Abzugsblech montiert.**

durch den Büchsenmacher aber ist recht teuer, da das gesamte Schlosswerk meist einige Male ein- und wieder ausgebaut werden muss.

▼ **Beim Seitenschloss befinden sich alle Teile auf den Innenseiten der Schlossplatten. Lassen sich die Schlosse von Hand herausnehmen, ist ihre Pflege sehr einfach.**

Seitenschlosse
Die teuersten Schlossvarianten sind die Seitenschlosse. Eigentlich ein Relikt aus der Vorderladerzeit, geht ihnen ein sagenhafter Ruf voraus, der bei erstklassigen Waffen auch gerechtfertigt ist. Technisch sind Seitenschlosse aber

Tipp

Mit einer Seitenschlossflinte sollte man nur liebäugeln, wenn man wirklich willens und in der Lage ist, einen entsprechenden Betrag in deren Kauf zu investieren. An billigen Seitenschlossflinten hat man in aller Regel wenig Freude!

nichts Besonderes – ja, um bei weich eingestellten Abzügen wirklich sicher zu sein, müssen sie sogar mit Fangstangen ausgerüstet werden, die ein Doppeln verhindern. Solche „Krücken" braucht ein optimal eingestelltes Anson-Schloss nicht.

Anson-Schlosse für jeden Geldbeutel
Wer eine gute Jagdflinte der mittleren Preisklasse kaufen will, wird mit dem Anson-Schloss wohl am besten fahren. Was nicht etwa bedeutet, dass Anson-Schlosse nicht auch in teuren Waffen zu finden wären! Von den englischen Nobelfirmen sind Waffen mit Anson-Schloss zu bekommen, die einen fünfstelligen Eurobetrag kosten.

Westley Richards hat sogar Anson-Flinten gebaut, bei denen sich die Schlosse von Hand nach unten aus dem System herausnehmen lassen. Nur bieten Anson-Schlosse eben auch in weniger teuren Waffen die Möglichkeit optimaler Abzugsgewichte bei robuster und langlebiger Schlossauslegung.

Abzug und Läufe

Ob ein Ein- oder ein Doppelabzug gewählt wird, ist weitgehend Geschmackssache, denn der Zeitbedarf für das Umgreifen auf den hinteren Abzug ist so marginal, dass er wohl vernachlässigt werden kann.

Umschaltmöglichkeit ist wichtig

Eine Jagdflinte mit Einabzug muss aber unbedingt über einen Umschalter zur Laufwahl verfügen, damit bei Bedarf – etwa bei von vorn anfliegendem Wild – auch der engere Lauf zuerst geschossen werden kann. Die Umschaltung kann durch den Rückstoß oder rein mechanisch geschehen.

Grundsätzlich ist die mechanische Umschaltung sicherer, denn hier wird auch bei einem Patronenversager auf den zweiten Lauf umgeschaltet und es kann ohne Zeitverlust sofort geschossen werden. Die heutigen Schrotpatronen sind aber so gut, dass Patronenversager fast kaum noch vorkommen. Wird eine Patrone nicht gezündet, liegt es meist an der Waffe und nicht an der Patrone.

Lauflänge

Die übliche Länge der Läufe liegt bei Jagdflinten zwischen 68 und 76 cm. Kürzere Läufe sind führiger, längere schwingen besser. Für die Reichweite der Schrotgarbe ist die Lauflänge aber nicht ausschlaggebend. Die Vorlage erreicht ihre höchste Geschwindigkeit auch bei kurzen Läufen bereits vor der Laufmündung. Die Reichweite wird allein durch die Mündungsverengung und die Schrotgröße bestimmt.

Praktisch sind innen hart verchromte Läufe, die sich leicht reinigen lassen und gut vor Rost geschützt sind.

Choke und Streuung

Welche Chokebohrungen sinnvoll sind, richtet sich nach dem Jagdrevier. Wer im Feld jagt, wird enger gebohrte Läufe bevorzugen als der reine Waldjäger. Ganz allgemein ist aber zu beobachten, dass oft mit zu engen Läufen und zu groben Schroten gejagt wird. Ein in Vollchoke gebohrter Lauf ist allenfalls bei der Wasserjagd brauchbar, wobei auch hier meist ein 3/4-Chokelauf ausreicht, wenn die richtigen Patronen benutzt werden. Bei den heute für die Wasserjagd vorgeschriebenen bleifreien Patronen ist ein nicht zu eng gebohrter Lauf auch technisch besser, da die Weicheisenschrote zwei Schrotnummern größer sein müssen, um die Reichweite von Bleischrot zu erreichen.

Selbst ein über Kopf kommender, „turmhoher" Fasan ist selten über 30 m hoch – und da reicht eine Flinte mit einem 1/2-Chokelauf allemal aus. Universell einsetzbar ist eine Jagdflinte mit einem

Tipp

Das Streuverhalten einer Flinte lässt sich über die Wahl der Schrotpatrone sehr gut regulieren. Aber nicht alle Patronen bzw. Schrotgrößen erbringen auch eine gute Deckung aus der eigenen Flinte. Mit welcher Patronensorte die Waffe am besten schießt, muss auf dem Schießstand ausprobiert werden.

▶ Ist die Flinte mit auswechselbaren Chokeeinsätzen ausgestattet, kann die Laufverengung der Situation angepasst werden.

1/4- und 3/4-Chokelaufbündel. Das Streuverhalten lässt sich sehr gut über die Patronenwahl steuern. Von der regelrechten Streupatrone bis zur eng schießenden Trappatrone mit ungeschlitztem Schrotbecher stehen hier alle Möglichkeiten offen. Unter genau diesem Gesichtspunkt sind auch die auswechselbaren Chokebohrungen zu sehen. Bei der Jagd selbst können sie kaum gewechselt werden – eine Streupatrone ist dagegen im Handumdrehen gegen eine eng schießende Weitschusslaborierung ausgetauscht.

Ejektor

Einen Ejektor braucht man heute in den Zeiten schwindender Niederwildbesätze eigentlich kaum mehr. Wer dennoch Wert darauf legt, sollte sich für einen Ejektor in einer Ausführung nach Holland & Holland entscheiden: Dabei sind alle Funktionselemente im Vorderschaft untergebracht.
Manche Hersteller bieten auch abschaltbare Ejektorensysteme an. Auf dem Schießstand sind die sehr praktisch.

Verschlussarten

Die ersten Kipplaufwaffen waren mit dem Lefaucheux-Verschluss oder dem T-Verschluss ausgestattet, die heute nicht mehr gebaut werden. Die modernen Verschlüsse arbeiten meist als Riegelverschlüsse.

Riegelverschlüsse

Bei dieser Verschlussart, auch Keil- oder Schieberverschluss genannt, erfolgt die Verriegelung direkt über den oder die Laufhaken. In der Basküle sitzt ein unter Federdruck stehender Riegel, der von hinten in die Laufhaken eingreift. Bei den ersten Bauarten war nur ein Laufhaken vorhanden, später wurden dann zwei Laufhaken zum Standard, um eine höhere Stabilität und Lebensdauer zu erreichen.
Zur Steuerung des Riegels wurden verschiedene Systeme entwickelt, die sich durch die Position des Öffnungshebels unterscheiden. Beim Roux-Verschluss liegt ein Bügel als Drücker vor dem Abzugsbügel, beim Seitenhebelver-

schluss wurde der Öffnungshebel rechts oder links am System angebracht oder ein Oberhebel, auch Scott-Hebel oder Top-Lever genannt, liegt auf der Scheibe. Die Wirkungsweise der eigentlichen Verriegelungen ist bei allen Systemen gleich, nur die Bedienung ist unterschiedlich. Heute werden fast ausschließlich Waffen mit Oberhebelverschluss gebaut. Mit dem Aufkommen immer stärkerer Patronen zeigte sich, dass der reine Laufhakenverschluss den steigenden Belastungen auf Dauer nicht gewachsen war. Der Schwachpunkt war eindeutig das Scharnier, denn hier wirken beim Schuss zweierlei Kräfte auf die Basküle: zunächst der Druck nach hinten auf den Stoßboden und dann die Kraft des Abkippens, da ja der Scharnierdrehpunkt deutlich unter der Laufmitte liegt.
Neben den Laufhaken waren zusätzliche Verriegelungseinrichtungen notwendig.

Greener-Verschluss

1873 erhielt William W. Greener ein Patent für einen Dreifachverschluss, bei dem die Schiene zwischen den Läufen nach hinten verlängert war. Diese Schienenverlängerung besaß eine horizontale Bohrung und trat in eine entsprechende Ausnehmung der Basküle ein. Ein ebenfalls horizontaler Schwenkriegel, der bei geschlossener Waffe durch die Bohrung hindurchging, stützte das Laufbündel zusätzlich gegen die Abziehkräfte ab. Gesteuert wird dieser Querriegel, der auch Greener-Riegel genannt wird, durch den Verschlusshebel. Der praktische Nachteil einer Schienenverlängerung ist, dass bei geöffnetem Verschluss immer Verschlussteile den Zugriff auf die Patronenlager erschweren und so beim schnellen Nachladen im Weg sind. Moderne Konstruktionen verzichten daher darauf, was bei den heutigen Stahlsorten auch problemlos möglich ist. Etwas günstiger ist hier der Purdey-Verschluss, bei dem eine kleine Nase zwischen den Läufen nach hinten herausragt und bei geschlossener Waffe in den Stoßboden eintritt und so gegen das Abkippmoment wirkt. Diese Purdey-Nase wird aber nicht verriegelt, wie dass beim Greener-Querriegel der Fall ist.

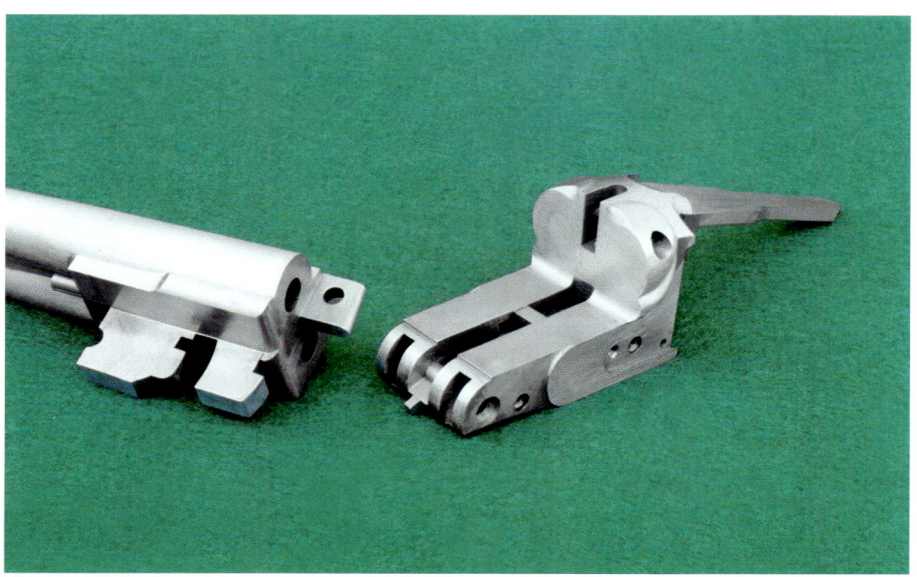

◀ Der Greener-Verschluss hat zusätzlich zu den beiden Laufhaken noch eine Schienenverlängerung. Daher wird er auch Dreifachverschluss genannt.

Kippblockverschluss

Der Kippblockverschluss, Patent Franz Jäger, kommt ohne solche Hilfsmittel aus. Bei diesem Verschluss wird das hintere Laufende mit einem Block verschlossen, der beim Schuss die Rückstoßkräfte aufnimmt, ohne dass der Verschlusskasten direkt belastet wird.

Dieser Verschluss wird heute im Grundprinzip von etlichen Waffenherstellern weitergebaut. Laufhaken im eigentlichen Sinne sind hier nicht mehr notwendig. Die Läufe werden zwar in ein Hakenstück eingelegt, doch tritt nirgendwo ein Keil ein. Die Haken, bei denen es sich eigentlich nur um Lappen handelt, werden lediglich für die Scharnierfunktion benötigt. Wenn das Laufbündel um seinen Drehpunkt, den Scharnierstift, schwenkt, so hat der Verriegelungsblock ebenfalls einen eigenen Drehpunkt, denn er muss eine eigene Drehbewegung ausführen. Da keine Kräfte auf den Kastenboden übertragen werden, genügt ein einfacher Hebel, der das Laufbündel im geschlossenen Zustand hält.

Der Blockverschluss ist ein genialer Verschluss, der die bei herkömmlichen Kipplaufwaffen in erheblichem Maße auftretenden Abziehbestrebungen des Laufbündels vom Stoßboden und auch die Kippmomente völlig ausschaltet. Blaser benutzt diesen Verschluss in abgewandelter Form bei der Doppelbüchse S2 und der Hersteller Merkel bei der Bockdoppelbüchse B3.

Kersten-Verschluss für Bockflinten

Bei den Bockwaffen verlief die Verschlussentwicklung oft sehr ähnlich und unterschied sich manchmal nur in Details von der der Querwaffen.

Beim Verschluss des Straßburger Büchsenmachers Kersten befinden sich rechts und links am Laufbündel herausragende Lappen, die in entsprechende Aussparungen des Verschlusskastens eingreifen und dort mittels zweier Querbolzen verriegelt werden. Der Kersten-Verschluss gewährleistet gegen das Abkippen und Abziehen des Laufbündels vom Verschlusskasten eine noch bessere Sicherheit als der Greener-Dreifachverschluss. Dieser Vierfachverschluss wird auch heute noch von den Jagdwaffenherstellern bei vielen Bockflinten eingesetzt.

Flankenverschluss für Bockflinten

An Bockflinten findet man aber auch vermehrt sogenannte Flankenverschlüsse, die ohne Laufhaken auskommen. Diese Verschlüsse sind nicht nur sehr stabil, sondern auch sehr günstig in der Fertigung.

Auf einen durchgehenden Scharnierstift wird hier verzichtet und der Scharnierdrehpunkt sehr nahe an die Längsachse des unteren Laufes gelegt. Dadurch reduziert sich das Kippmoment bei der Schussabgabe erheblich.

Die Läufe werden in einen massiven Monoblock ohne Laufhaken eingeschoben. An dessen Seiten sind die Scharnierzapfen angearbeitet. Diese wiederum drehen sich in entsprechend geformten Lagerschalen im Scharnierbereich des Kastens.

Links und rechts des oberen Laufs ragen aus dem Monoblock rückwärts zwei Purdey-Nasen hervor, die in entsprechende Ausnehmungen des Stoßbodens eintreten. Die Verriegelung übernimmt beim Flankenverschluss ein normaler Greener-Querriegel. Genau genommen handelt es sich bei einem so aufgebauten Verschluss um einen modifizierten Purdey-Verschluss mit hochgelegtem Scharnierdrehpunkt.

Selbstlade- und Repetierflinten

Halbautomatische Flinten

Selbstlade- oder halbautomatische Flinten werden in Deutschland immer noch mit gemischten Gefühlen betrachtet. Ihre Befürworter schätzen sie als preiswerte, zuverlässige Jagdwaffen mit dem Vorteil des dritten Schusses, während ihre Gegner sie als „Vollernter" bezeichnen und argumentieren, dass damit nicht waidgerecht gejagt werde. Eine Waffe als nicht waidgerecht zu bezeichnen, ist allerdings ziemlich unsinnig, denn ausschlaggebend ist immer der Schütze.

Viele Vorteile

Andere Länder haben solche Probleme nicht, halbautomatische Schrotflinten sind dort weitaus häufiger als Kipplaufflinten. Von der technischen Seite aus betrachtet ist das auch ganz logisch, denn der Preisvorteil ist erheblich. Eine halbautomatische Schrotflinte hat immer einen Ejektor, immer einen Einabzug, und Wechselchokes sind auch kein Problem. Alles Ausstattungsmerkmale, die bei Kipplaufflinten jede Menge Aufpreis kosten.

Außerdem schießen sich moderne Selbstladeflinten, die als Gasdrucklader arbeiten, rückstoßärmer, denn bei ihnen wird ein Teil der Rückstoßenergie dazu genutzt, den Repetiervorgang durchzuführen. Empfindliche Schützen wissen dies zu schätzen. Dazu kommt der Vorteil des dritten Schusses.

Wo Licht ist, ist auch Schatten

Natürlich hat eine Selbstladeflinte auch Nachteile, die nicht verschwiegen werden sollen. Da ist zunächst einmal die Tatsache, dass der Schütze stets nur eine Chokebohrung zur Verfügung hat, während bei Doppelflinten zwei unterschiedlich streuende Läufe zur Auswahl stehen. Dann ist die Handhabung etwas komplizierter. Das fällt weniger beim eigentlichen Schießen mit der Waffe, sondern mehr im Jagdbetrieb auf. Soll ein Zaun überklettert werden und muss also die Waffe entladen werden, ist der Schütze mit der Doppelflinte schon längst drüben, ehe der Jäger mit dem Halbautomaten seine Patronen entnommen hat. Doppelflinten sind bei gleicher Lauflänge auch führiger, denn bei der Selbstladeflinte kommt zur Schaft- und Lauflänge noch die Länge des Systemkastens hinzu, sodass die Gesamtlänge größer ausfällt.

Technische Probleme sind passé

Früher gab es bei Selbstladeflinten auch oft technische Probleme und verklemmte Hülsen, beim Zuführen verkantete Patronen waren an der Tagesordnung. Diese Zeiten aber sind lange vorbei – heute sind Selbstladeflinten sehr funktionssicher. Das liegt an der verbesserten Technik der Waffen, ist aber auch ein Verdienst der Munitionsindustrie, die heute sehr gleichmäßige und maßhaltige Schrotpatronen fertigt, die kaum noch Störungen verursachen. Moderne Waffen haben sogar ein System, das sich auf die unterschiedliche

> **Tipp**
>
> Der Vorteil des dritten Schusses bei Selbstladeflinten ist vor allem darin zu sehen, dass einem krank geschossenen Stück Wild schnell der Fangschuss gegeben werden kann, und nicht etwa in der Möglichkeit, Tripletten zu schießen und maximal zu „ernten" – dann entstehen auch keine Probleme mit der Waidgerechtigkeit.

▶ **Moderne Selbst-
ladeflinten sind sehr
funktionssicher und
schießen sich ange-
nehm weich.**

Verschlussbelastung, die Patronen mit
den verschiedenen Vorlagen verursachen,
automatisch einstellt. Aus solchen Waffen
können problemlos in Mischung Schrotpatronen mit verschiedenen Vorlagegewichten verschossen werden. Von den
leichten 24-g-Trap-Patronen bis hin zur
40-g-Gänseladung funktioniert hier alles.
Bei älteren Waffen lässt sich die Gasmenge, die zur Verschlussbewegung
benötigt wird, von Hand über einen
Drehring einstellen. Wird die Patronen-
marke gewechselt, ist manchmal eine
neue Justierung notwendig.

Gasdruck- oder Rückstoßlader?
Grundsätzlich unterscheiden wir zwei
verschiedene Systeme bei den Selbstladeflinten. Die ersten Waffen dieses Typs,
etwa die legendäre „Browning Auto 5",
waren als Rückstoßlader konzipiert. Im
Schuss lief der Lauf wie bei einer Selbstladepistole ein Stück zurück und sorgte
für den Repetiervorgang. Diese Modelle
waren sehr von der Munition abhängig
und funktionierten nicht mit allen
Patronen.

Moderne Konstruktionen sind als Gasdrucklader aufgebaut. Der Lauf steht fest
und über Bohrungen wird ein Teil der
Verbrennungsgase abgezweigt, die dann
über ein Gestänge den Repetiervorgang
vornehmen. Dieses Konstruktionsprin-
zip hat sich durchgesetzt – Rückstoßlader sind kaum noch anzutreffen. Wer
gegenüber einer Selbstladeflinte keine
Vorbehalte hat, findet in dieser Waffenart
eine preiswerte und in einigen Bereichen
technisch überlegene Alternative zur
Kipplaufflinte.

Vorderschaftrepetierer
Repetierflinten arbeiten meist als sogenannte Vorderschaftrepetierer, auch

Tipp

Selbstladeflinten, die als Gasdrucklader
arbeiten, haben einen geringeren Rückstoß, da hier ein Teil der Pulvergase für
die Selbstladefunktion „abgezapft" wird.
Wer mit dem Rückschlag Probleme hat,
sollte mal eine Gasdruck-Selbstladeflinte
ausprobieren.

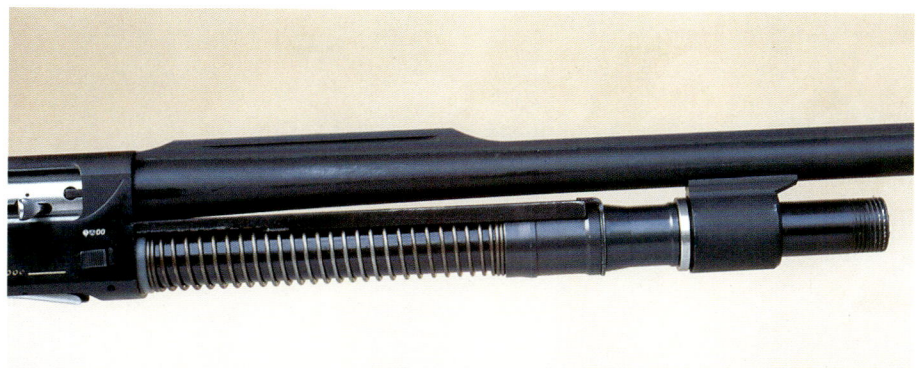

◀ Beim Gasdruck-
lader wird ein Teil
der Pulvergase
abgezapft und zur
Selbstladefunktion
genutzt.

Pump-Flinten genannt. Bei ihnen wird durch Zurückziehen und Wieder-nach-vorn-Schieben des Vorderschafts die leere Hülse aus dem Patronenlager gezogen, ausgeworfen und eine neue Patrone aus dem unter dem Lauf angeordneten Röhrenmagazin nachgeladen. Was bei der Selbstladeflinte halbautomatisch erfolgt, macht der Schütze hier also manuell.

Vor- und Nachteile

Der einzige Vorteil der Repetierflinte gegenüber der Selbstladeflinte ist die nach unserem Jagdgesetz nicht beschränkte Magazinkapazität. Pump-Flinten sind preiswert, sehr robust und funktionssicher. Man sieht sie bei der Jagd aber eher selten, denn ihre Optik ist wenig elegant und das schnelle Nachladen im Anschlag erfordert Übung und bringt eine Menge Unruhe vor dem zweiten Schuss. Einige Nachsuchenführer verwenden Pump-Flinten mit kurzem Lauf, mit Flintenlaufgeschossen geladen, weil sich diese Waffen gefahrlos unterladen führen lassen und mit einer schnellen Durchladebewegung einsatzbereit sind. Einläufige Schrotflinten erreichen mit Flintenlaufgeschossen in der Regel eine sehr gute Präzision.

◀ Für Repetier-
flinten ist die
Magazinkapazität
gesetzlich nicht
beschränkt.

Wichtige Flintenmerkmale

Verschiedene Merkmale einer Flinte
entscheiden darüber, ob sie dem Schützen wirklich liegt und er damit nicht nur
„Löcher in die Luft" schießt.

Der Schaft

Die Schäftung sollte dem Verwendungszweck entsprechen. Eine Jagdflinte muss
so geschäftet sein, dass ein schneller
Anschlag möglich ist. Bei der Jagd wird
ja nicht mit Voranschlag geschossen wie
beim sportlichen Tontaubenschießen. Ein
Monte-Carlo-Schaft, wie er bei Trap-Flin-
ten gebräuchlich ist, hat an einer Jagdflinte nichts zu suchen.
Weitaus wichtiger als bei einer Büchse
ist bei der Flinte eine Abstimmung der
Schaftmaße auf den Schützen. Letzterer
muss beim schnellen Anschlag gerade
über die Laufschiene blicken und gerade
so viel Schiene sehen, dass ein leichter
Hochschuss entsteht.

Maßschaft ...

Sich sofort nach der Jägerprüfung einen
Maßschaft anfertigen zu lassen, bringt
meist nicht viel, denn erst müssen
die Anschlagsgewohnheiten gefestigt
werden. Erst wenn der Schütze einen
festen Anschlag hat und die Flinte immer
gleich einsetzt, können Veränderungen
am Schaft vorgenommen werden.
Die Mehrzahl der Schützen wird überdies
mit Standardschäften, gegebenenfalls
nach kleinen Änderungen, auskommen.
Nur wer grob von der Norm abweichende
Körpermaße hat, braucht unbedingt
einen Maßschaft.

Schränkung, Länge und Senkung

Das größte Problem ist meist die zu
geringe Schränkung bei Standardwaffen.

Mit dem Gelenkgewehr

Um einen wirklich passenden Schaft zu
erhalten, ist das Maßnehmen mit dem
Gelenkgewehr, das sich individuell auf
die Maße des Schützen einstellen lässt,
die beste Methode. Der Schäfter oder
Schießlehrer verstellt den Schaft des Ge-
lenkgewehrs so lange, bis regelmäßig ge-
troffen wird. Nach diesen Maßen wird
dann der Schaft der eigenen Flinte verändert oder, wenn das nicht möglich ist, ein
neuer Schaft gefertigt.

Vor allem amerikanische Flinten sind
in der Regel völlig gerade geschäftet,
damit sie für Links- und Rechtshänder zu
gebrauchen sind. Breitschultrige Schützen haben hier dann Probleme. Ein guter
Büchsenmacher – oder besser noch ein
Schäfter – kann einen Flintenschaft in
heißem Öl biegen, wobei allerdings eine
gewisse Bruchgefahr in Kauf genommen
werden muss.
Der Längenausgleich gestaltet sich leichter. Abschneiden ist einfach und durch
Ansetzen einer Schaftkappe lässt sich ein
Flintenschaft auch in gewissem Rahmen
länger machen.
Ist die Senkung zu gering, wird vom
Schaftrücken etwas Holz abgenommen.
Bei zu großer Senkung wird es dann
natürlich schwieriger, denn „dranfeilen"
geht nicht, und aufgesetzte Teile sind
unschön und bringen auch selten befrie-
digende Ergebnisse.

Um die eigenen Schaftmaße zu ermitteln und den Flintenschaft anzupassen, bleibt nur der Gang zu einem erfahrenen Schäfter oder Schießlehrer. Selbst Veränderungen am Schaft vorzunehmen, hieße, bei sich selbst Doktor zu spielen – und das geht in den seltensten Fällen gut.

Schaftgriff und -backe
Ob eine Schäftung mit Pistolengriff, Halbpistolengriff (französischer Schaft) oder die englische Schäftung gewählt wird, ist eine Frage des Geschmacks und der Gewohnheit. Für Waffen mit Doppelabzug hat die englische Schäftung Vorteile, da die Hand beim zweiten Schuss besser zurückgleiten kann.
Was bei einem Flintenschaft auf keinen Fall benötigt wird, ist eine Schaftbacke. Sie ist beim schnellen Schuss sogar eher störend. Wenn schon Holzarbeiten am Schaft notwendig sind: Gleich weg mit diesem „Kropf".

Balance
Damit eine Flinte gut schwingt und flüssig geschossen werden kann, muss sie gut ausbalanciert sein. Von einer guten Balance spricht man, wenn der Vorderschaft und das Laufbündel das gleiche Gewicht haben wie der Hinterschaft mit dem System. Das lässt sich auf jeder Küchenwaage leicht nachprüfen.
Der Schwerpunkt liegt dann ungefähr in Höhe des Scharnierbolzens und das Gewicht der Flinte ist gut zwischen den Händen des Schützen verteilt.

Korrekturen
In gewissem Maße kann die Balance einer Flinte noch korrigiert werden. Ist das Laufbündel zu schwer und die Flinte entsprechend kopflastig, kann Blei in den Hinterschaft eingebracht werden. Umge-

◀ **Wenn es mit der Flinte klappen soll, müssen die Schaftmaße der Waffe passen und die Balance stimmen.**

kehrt kann der Hinterschaft auch ausgehöhlt werden, um am hinteren Ende der Flinte Gewicht zu reduzieren.
Die Balance muss auch beachtet werden, wenn die Schaftlänge verändert wird. Wird Holz abgesägt oder eine dickere Schaftkappe montiert, wird ja das Gewicht des Schaftes verändert, und wenn die Flinte vorher gut ausbalanciert war, kann die Schaftanpassung dies nachteilig verändern.

Unverzichtbar – die Schussbildprüfung
Ist die Wahl auf ein Flintenmodell gefallen, muss die Waffe vor dem Kauf unbedingt ausprobiert werden. Zu prüfen ist, ob die Läufe zusammenschießen, ob die Treffpunktlage stimmt und ob das Deckungsbild den eigenen Ansprüchen genügt.
Deckungsbilder sollten mit mehreren Patronensorten und auch unterschiedlichen Schrotgrößen geschossen werden, denn nicht jede Flinte verträgt auch jede Patrone.

▶ Treffpunktlage, Deckung und Streuverhalten der Flinte werden mittels der 16-Felder-Scheibe überprüft.

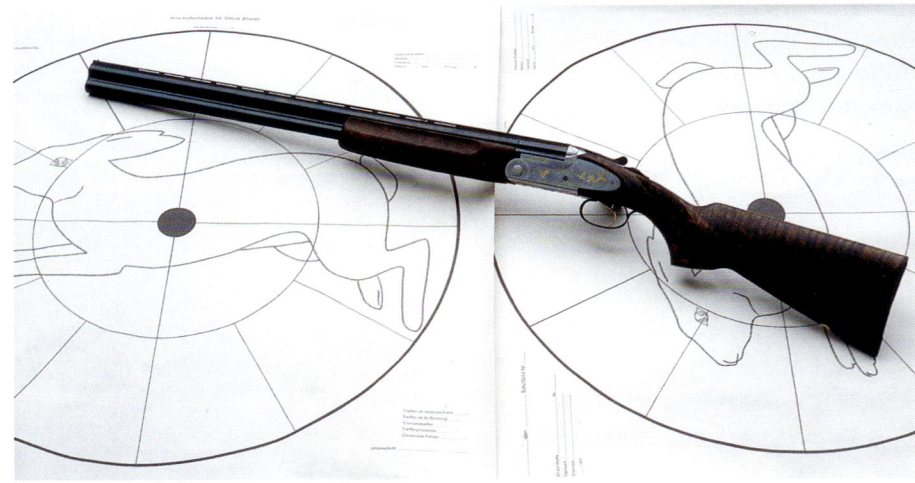

Visiert wird so, dass das Korn auf der Oberseite der Basküle aufsitzt. Jetzt sollte eine Jagdflinte etwa Strich und Fleck schießen. Dann ergibt sich bei etwas sichtbarer Laufschiene in der Praxis der gewünschte leichte Hochschuss, der es gestattet, das Ziel aufsitzen zu lassen. Die Treffpunktlage beider Läufe sollte nicht mehr als 10 bis 15 cm voneinander abweichen.

Die Probeschüsse werden auf „jagdliche Entfernungen" abgegeben. Mit dem offeneren Lauf wird auf etwa 25 m und mit dem enger gebohrten Lauf auf etwa

▼ Moderne „Baukasten"-Flinte – auch im Flintenbau schreitet die Technik unaufhaltsam voran.

Niemals „die Katze im Sack"!

Es ist immer wieder zu beobachten, dass Flinten nach ein paar Anschlagsübungen im Laden gekauft werden. Hier kann man gewaltig reinfallen. Die Zeit für ein ausgiebiges Testschießen vor dem Kauf sollte man sich unbedingt nehmen. Schließlich ist die Flinte eine Waffe für den schnellen Schnappschuss auf bewegliche Ziele – und da müssen Schütze und Waffe harmonieren.

Mit einer Flinte, die nicht zum Schützen passt, kann man vielleicht Katzen im Regen schießen, aber niemals schnelle Ziele treffen. Es nützt also wenig, eine Waffe aus einer der oberen Preisklassen zu wählen, in der Hoffnung, mit einer teuren Flinte könne nichts schiefgehen. Eine passende Flinte zu finden, ist bestimmt kein Problem – das Angebot ist groß genug, doch einfach aus dem Katalog auszusuchen, ist beim Flintenkauf nicht angebracht.

35 m geschossen. Beim Probeschießen kann auch gleich festgestellt werden, mit welcher Patrone die Waffe am besten schießt.

Büchsen

Repetierbüchsen

Für die Bejagung von Schalenwild
schreibt unser Jagdgesetz, wie in vielen
anderen Ländern auch, den Kugelschuss
vor. Hier hat der Jäger die Wahl zwischen
Kipplauf-, Block-, Selbstlade- und Repetierbüchsen.
Es kommt selten vor, dass die billigste
Lösung auch die beste ist – die Repetierbüchse als Jagdwaffe für den präzisen
Kugelschuss ist eine solche Ausnahme.
Eine Repetierbüchse besteht im Wesentlichen aus Lauf, Magazin, Abzug, System
und Schaft.

Lauf

Bezüglich der Laufqualität ist der „Standard" heute so hoch, dass kaum ein
Hersteller oder ein Modell besondere
Vor- oder Nachteile bietet. Ob der Lauf
gehämmert, gedrückt oder spanabhebend
gefertigt ist, spielt für die Präzision und
die Lebensdauer kaum eine Rolle.
Gehämmerten Läufen wird zwar durch
die beim Hämmern entstehende Oberflä-
chenverdichtung eine höhere Lebensdauer nachgesagt, und das mag auch richtig
sein – um jedoch eine Jagdwaffe in einem
Standardkaliber „auszuschießen", bedarf
es vieler Tausend Schuss, die kaum
jemand in einem Jägerleben zusammen-
bekommt. Viel wichtiger ist eine fachgerechte Pflege des Laufs.

Magazinsysteme

Bei der Magazinauslegung finden sich
drei Systeme: das fest eingebaute Magazin mit festem Magazindeckel, das fest
eingebaute Magazin mit Klappdeckel und
das Einsteckmagazin. Auch hier ist keine
Version dominierend.

Fest eingebaute Magazine

Fest eingebaute Magazine mit festem
Deckel sind völlig sicher, denn das Magazin ist vor Beschädigungen geschützt und
die Munition wird sicher aufbewahrt.
Dafür muss aber recht umständlich jede
Patrone über den Verschluss ge- und
auch wieder entladen werden.
Klappdeckelmagazine sind hier schon
bequemer, denn zumindest das Entladen
geht durch den aufklappbaren Magazin-
boden „auf einen Rutsch". Dafür besteht
aber die Gefahr, dass sich der Deckel
solcher Magazine durch Unachtsamkeit
oder durch Anstreifen oder Anstoßen,
etwa beim Durchstreifen von Dickun-
gen, ungewollt öffnet und dem Schützen
die Munition vor die Füße fällt oder sogar
unbemerkt verloren geht.

Einsteckmagazine

Einsteckmagazine sind zweifellos die
komfortabelsten. Geladen werden kann
zu Hause, sodass im Revier nur das
Magazin in die Waffe eingesetzt werden
muss – durchladen und fertig. Entladen
wird genauso einfach, nur die Patrone im

▶ **Moderne
Repetierbüchse von
Sauer & Sohn**

Tipp

Einsteckmagazine sind recht empfindlich. Die Magazinlippen können verbiegen, und dann stellen sich Zuführungsstörungen ein. Das Magazin sollte daher möglichst in der Waffe verbleiben, dort ist es bestens geschützt.

Lauf muss herausrepetiert werden. Ist ein Reservemagazin vorhanden, kann sehr schnell nachgeladen werden.
Alle Teile, die sich aus der Waffe entfernen lassen, können jedoch vergessen oder gestohlen werden oder verloren gehen. Hauptnachteil der Einsteckmagazine ist aber ihre relative Empfindlichkeit. Liegen bei den fest eingebauten Magazinen alle wichtigen Teile gut geschützt im Inneren der Waffe, sodass sie kaum beschädigt

werden können, sind Einsteckmagazine, mit denen ja laufend hantiert werden muss, größeren Belastungen ausgesetzt. Bei einem Fall auf harten Untergrund verbiegen die aus dünnem Blech bestehenden Magazinlippen leicht und Zuführungsstörungen sind vorprogrammiert. Welche Magazinauslegung bevorzugt wird, ist auch vom Einsatzbereich der Waffe abhängig. Vor dem Kauf muss deshalb genau überlegt werden, welche Art für die eigenen Zwecke vorteilhaft ist.

Abzugsarten

Bei der Abzugsbestückung werden im Wesentlichen drei Systeme eingesetzt: der Deutsche Stecher, der Französische Stecher und der Flintenabzug.
Der Deutsche oder auch Doppelzüngelstecher ist heute selten, und das aus gutem Grund: Die Bedienung über zwei Abzugszüngel lädt zu Handhabungsfehlern ein. Beim Flintenabzug kann dagegen auch unter Stress kaum etwas falsch gemacht werden und gut stehende Flintenabzüge lassen Abzugsgewichte zwischen 500 und 1000 g zu. Damit ist ein präziser Schuss kein Problem.

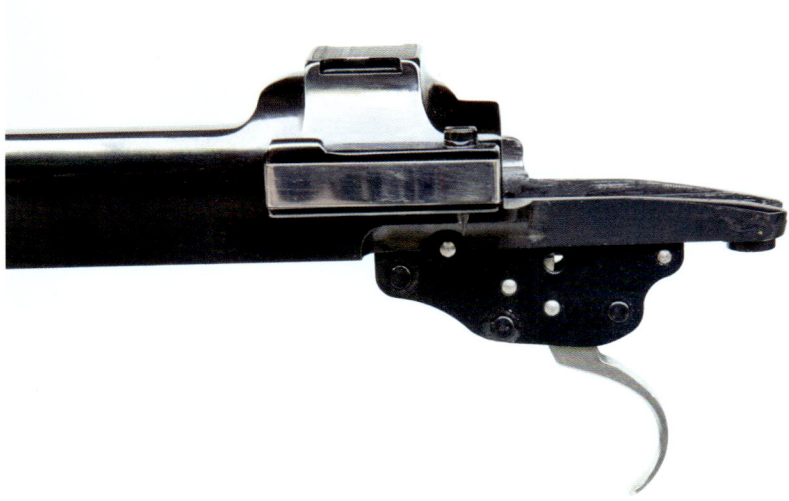

◀ Moderne Flintenabzüge, die leicht und trocken auslösen, machen den Stecher heute überflüssig.

Tipp

Ein Stecher hat an einer Drückjagd-
büchse nichts zu suchen. Hier ist die
Möglichkeit der Fehlbedienung unter
Stress viel zu groß und beim schnellen
Folgeschuss bleibt keine Zeit mehr, den
Stecher zu bedienen. Der Schütze sollte
immer mit dem gleichen Abzugswider-
stand schießen.

Der Französische oder Rückstecher findet
sich an den meisten Büchsenmodellen.
Hier muss unbedingt geprüft werden,
ob der Abzug auch ungestochen eine
gute Charakteristik besitzt und nicht zu
hart steht. Oft kann zwischen Rückstecher und Flintenabzug gewählt werden.
Der Käufer muss vor dem Kauf prüfen,
welche Variante ihm besser liegt.

Schäfte

Holz und Kunststoff

Der Schaft besteht bei Jagdwaffen über-
wiegend aus Nussbaumholz. Dieses
traditionelle Material hat jedoch viele
Nachteile – vor allem, wenn das verwen-
dete Holz ungenügend abgelagert war.
Ein Schaft, auf dem im Vorjahr noch
die Vögel zwitscherten und der dann im
Schnellverfahren in der Trockenkam-
mer „abgelagert" wurde, verzieht sich bei
Feuchtigkeit rasch. Veränderungen der
Treffpunktlage sind die Folge.
Ein Holzschaft, besonders in der bei uns
dominierenden Ausführung mit geölter
Oberfläche, bedarf außerdem ständiger
Pflege mit einem guten Schaftöl.
Wesentlich unkomplizierter sind Schäfte
aus Schichtholz oder Kunststoff. Ihnen
kann die Witterung nicht viel anhaben.
Sie sind dem Nussbaumschaft auch in
allen anderen Eigenschaften überlegen.

Schaftform

Die Schaftform muss auf den Verwendungszweck der Büchse und auch auf das
Kaliber abgestimmt sein. Für Waffen, die
überwiegend über eine optische Visier-
einrichtung geschossen werden, ist ein
entsprechend hoher Schaftrücken erforderlich, damit der Schütze ohne große
Verrenkungen durch das Glas schauen
kann.
Wird meist über Kimme und Korn
geschossen, muss die Büchse auch dafür
geschäftet sein, also einen niedrigeren
Schaftrücken haben. Bei starken Kalibern empfiehlt sich ein gerader Schaftrücken, der den Rückstoß geradlinig auf
die Schulter des Schützen überträgt.

Fischhaut und Schaftabschluss

Pistolengriff und Vorderschaft werden
mit Fischhaut verschnitten, um den
Händen einen guten Halt zu bieten. Als
Schaftabschluss wird in der Regel bei
Repetierern eine Gummikappe montiert,
die den Rückstoß mindert und ein rutsch-
sicheres Abstellen ermöglicht. Für den
schnellen Anschlag, etwa bei Drückjagden, sind Gummischaftkappen aber nicht
brauchbar. Hier ist es unbedingt erforderlich, die Kappe mit glattem Leder zu
überziehen, damit der Schütze beim
schnellen Anschlag nicht mit der stump-
fen Gummikappe an der Kleidung
hängen bleibt.

Systeme

Herzstück jeder Repetierbüchse ist aber
das System, und hier finden sich auch die
technischen Hauptunterschiede der meisten Modelle.
Dominierend ist auch heute immer
noch das System nach 98er-Art und
seine zahlreichen Abarten. Viele Hersteller, die „eigene Systeme" entwickelt

Mauser M 03 mit Handspannung: Das Schloss wird erst unmittelbar vor dem Schuss gespannt.

haben, lehnen sich zumindest stark an das 98er-System an. Änderungen beziehen sich hauptsächlich auf die Anordnung des Ausziehers – hier wird der lange Mauser-Auszieher meist durch eine kleine gefederte Kralle im Kammerkopf ersetzt – und auf die Sicherung.

Flügel-, Schlagbolzen- und Abzugssicherungen

Die originale Mauser-Flügelsicherung ist zwar eine der zuverlässigsten Sicherungen überhaupt, da sie die Schlagbolzenmutter festlegt, doch entstehen Probleme, wenn ein Zielfernrohr niedrig montiert werden soll. Moderne Systeme verfügen daher über horizontal bedienbare Schlagbolzensicherungen oder nur über reine Abzugssicherungen, die entweder rechts vom Schlösschen oder auf dem Kolbenhals platziert sind. Wirklich sicher ist aber nur eine Sicherung, die den Schlagbolzen- oder die Schlagbolzenmutter festlegt. Abzugssicherungen können bei starken Erschütterungen versagen.

Handspannung

Noch sicherer sind Handspannsysteme, wie sie etwa Blaser bei der R 8, Heym bei der SR 30, Merkel bei der Helix oder

Mauser bei der M 03 anbieten. Hier wird das Schloss erst unmittelbar vor dem Schuss gespannt, und es ist völlig sicher, die Büchse mit einer Patrone im Lauf zu führen. Nach dem ersten Schuss wird automatisch beim Repetieren erneut gespannt, sodass der Folgeschuss ohne Verzögerung abgegeben werden kann. Soll kein Schuss mehr abgegeben werden, wird das Schloss wieder durch Zurücknehmen des Spannschiebers entspannt. Ältere 98er-Systeme können mit verschiedenen Handspanneinrichtungen nachgerüstet werden.

Tipp

Büchsen mit Handspannung gelten als „Sicherheitswaffen". Wie alle Repetierer sind aber auch sie so konzipiert, dass sie – einmal gespannt – auch nach dem Repetieren für den nächsten schnellen Schuss gespannt bleiben. Gefährlich wird das, wenn repetiert, der Spannschieber dann aber nicht zurückgenommen wird: Die Waffe ist dann gespannt und ungesichert. Wer einen Handspanner führt, muss sich angewöhnen, stets einen Blick auf den Spannschieber zu werfen, bevor er die Büchse abstellt oder sich umhängt.

▶ Die meisten Repetierbüchsen verriegeln über Verschlusswarzen direkt im Lauf oder in der vorderen Hülsenbrücke: im Bild eine Kammer mit austauschbarem Verschlusskopf.

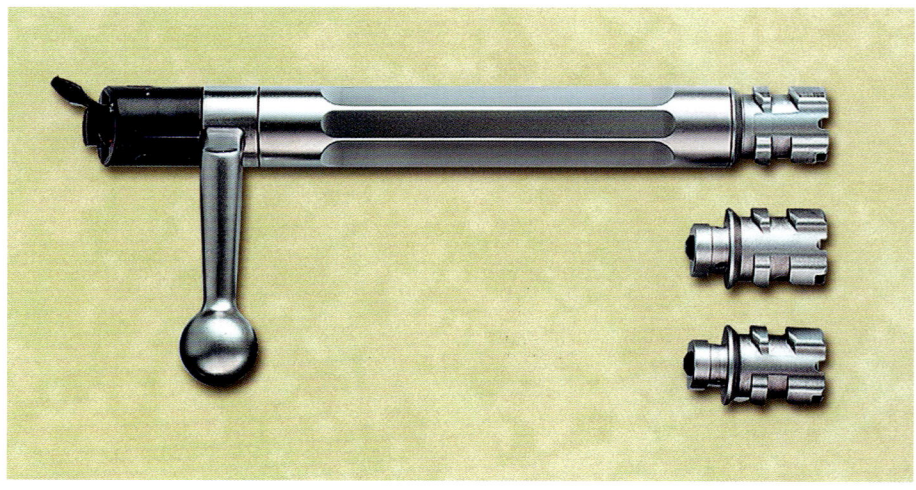

Verriegelung

Verriegelt wird ein Repetierbüchsensystem fast immer über zwei oder mehrere Warzen im Hülsenkopf. Systeme, die in der hinteren Hülsenbrücke verriegeln, werden immer seltener, denn dieses System ist nicht unproblematisch: Es kommt hier oft zu Verspannungen.

Auf dem 98er-System bauen z. B. die Systeme der Firmen Heym, Krico, Browning, Savage, Remington, Sako, Winchester, Tikka und Ruger auf. Gänzlich abweichend und echte Neukonstruktionen bieten die Firmen Heym mit der SR 30, Sauer & Sohn mit der S 90, Blaser mit der R 93 und der R 8 sowie Merkel mit der RX Helix. SR 30, R 93, R 8 und RX Helix sind Geradezugrepetierer; die Sauer 90 hat einen Stützklappenverschluss, bei dem die Kammer ohne Drehbewegung lediglich durch das Ein- und Ausfahren von kleinen Klappen verriegelt und entriegelt wird. Der Schlossgang der Sauer 90 ist besonders weich. Der Vorteil der Geradezugrepetierer liegt dagegen im sehr schnellen Repetiervorgang. Ihr Kammerstängel muss nicht erst angehoben werden, sondern wird einfach in einer geraden Bewegung zurückgezogen und nach dem Auswerfen der leeren Hülse wieder nach vorn geschoben. Geradezugrepetierer werden daher gern als Drückjagdwaffen benutzt.

Schussleistung

Oft taucht die Frage auf, wie präzise eine Jagdwaffe eigentlich sein muss. Hier werden oft übertriebene Forderungen gestellt. Es gibt sicher Jagdbüchsen, die mit Fabrikmunition Streukreise von 2 cm bei fünf Schüssen auf 100 m schießen. Die Regel ist das aber nicht und unbedingt notwendig auch nicht. Außerdem muss auch der Schütze in der Lage sein, eine solche Präzision auszunutzen. Unter „Revierbedingungen" sind das die wenigsten.

Höchste Anforderungen selten nötig

Eine Repetierbüchse in einem mittleren Schalenwildkaliber, die auf 100 m innerhalb eines Streukreises von 5 cm bleibt, genügt allen Anforderungen auf normale jagdliche Entfernungen.

Nur wer wirklich weit schießen muss, etwa im Gebirge oder in weitläufigen Feldrevieren, und dazu noch sehr kleine Ziele hat (Murmel), sollte höhere Forderungen stellen und dann aber auch bereit sein, die notwendigen Kosten für Matchläufe, Systembettung und entsprechende Optik zu tragen. Nur wenn alle Komponenten sehr hochwertig sind, ist auch mit einer sehr hohen Präzision zu rechnen. Von den einläufigen Kugelwaffen bietet aber die Repetierbüchse die besten Voraussetzungen für den wirklich präzisen Kugelschuss.

Doppelbüchsen

Wenn es um die Jagd auf wehrhaftes Wild geht, ist eine Doppel- oder Bockdoppelbüchse auch heute noch „erste Wahl", denn hier hat, ohne Rücksicht auf andere Erwägungen, für den Schützen die Waffe den höchsten Wert, bei der ein Versagen der Mechanismen nach Möglichkeit ausgeschlossen ist.

Doppelbüchsen im Aufwind
In das geschlossene System einer Doppelbüchse können Sandkörner oder andere Fremdkörper, die ein technisches Versagen bewirken können, weitaus schlechter eindringen als in den offenen Mechanismus einer Repetierbüchse. Der zweite Schuss kann unverzüglich abgegeben werden und Ladehemmungen beim Repetieren scheiden begreiflicherweise von vornherein aus.

Selbst bei einem Patronenversager oder einem Bruch der Schlagfeder hat der Schütze sofort die Möglichkeit, den zweiten Lauf abzufeuern, denn bei einer Doppelbüchse sind Lauf, Schloss und Abzug ja doppelt vorhanden und voneinander unabhängig.

Die Doppelbüchse erlebt heute wieder eine Renaissance, denn mit den heutigen modernen Fertigungsmethoden ist es möglich, Doppelbüchsen zu erschwinglichen Preisen zu bauen. Sicher hat eine auf CNC-Maschinen gebaute Doppelbüchse nicht das faszinierende Flair einer Holland & Holland, einer Purdey oder einer Westley Richards, doch dafür ist sie erheblich billiger und technisch oftmals bedeutend fortschrittlicher. So sieht man heute wieder vermehrt Doppelbüchsen auch auf heimischen Drückjagden.

◀ Doppelbüchsen werden heute noch gern bei der Drückjagd oder der Jagd auf wehrhaftes Großwild eingesetzt.

Schlosse und Verschlüsse

Die Schloss- und Verschlusstechnik von Kipplaufwaffen wird bei den Flinten und auch bei den Drillingen eingehend erklärt. Hier unterscheidet sich die Doppelbüchse kaum. Allerdings fällt die Dimensionierung der Verschlussteile wegen der höheren Gasdrücke der Kugelpatronen etwas massiver aus als bei den Flinten. Wenden wir uns den Besonderheiten der Doppelbüchse zu, die sie von anderen Kipplaufwaffen unterscheidet.

Laufverbindung

Fest verlötete Läufe

Bei den meisten Doppelbüchsen sind die Läufe fest miteinander verbunden. Das sorgt für den einzigen echten Nachteil von Doppelbüchsen: eine zumeist schlechtere Präzision gegenüber den Repetierwaffen. Die Erklärung für dieses Problem ist recht einfach und leuchtet auch dem Laien ein.

Bei der Repetierbüchse werden alle Patronen aus einem Lauf verfeuert, der zudem auch noch frei schwingt und sich ungestört ausdehnen kann. Bei der Doppel- oder Bockdoppelbüchse sind immer zwei Läufe vorhanden und allein diese Tatsache vergrößert die Streuung der Waffe: Die Einzelstreuung der Läufe erscheint auf der Scheibe ja innerhalb eines Schussbildes, das dann natürlich zwangsläufig größer ist als eines, dessen Schüsse aus dem gleichen Lauf stammen.

Zusammenlegen ist Handwerkskunst

Das eigentliche Problem liegt aber in der festen Verbindung der beiden Läufe. Trotz aller Fortschritte im Waffenbau und dem Einsatz modernster Präzisionsmaschinen ist die Waffenindustrie auch heute noch nicht in der Lage, zwei gezogene Läufe ohne Weiteres zusammenzulegen und so zu verlöten, dass die Schussleistung auf Anhieb zufriedenstellend ist.

Die exakte Stellung der Läufe zueinander ist nicht berechenbar, sondern nur durch Ausprobieren zu ermitteln. Der Bau einer Waffe mit zwei verlöteten Kugelläufen erfordert nicht nur eine Menge handwerkliches Geschick und Erfahrung, sondern auch eine gute Portion Glück beim Zusammenlegen der Läufe.

Wenn die Läufe vom Hersteller zusammenschießend zusammengelegt sind, sitzt der zweite Schuss, unabhängig vom zeitlichen Abstand zum vorangegangenen, beim ersten Schuss, wenn über die offene Visierung geschossen wird. Das Verbiegen und beim Erkalten des Laufbündels wieder auftretende Zurückbiegen des abgefeuerten Laufs (siehe Kasten) macht sich nicht negativ bemerkbar, denn das auf den Läufen angebrachte Korn wandert ja in gewissem Maße auch mit.

Problematisch – der Schuss durchs Zielfernrohr

Die großen Probleme durch die Wärmespannung, die den Ruf der Doppel- und Bockdoppelbüchsen schädigten, kamen durch die Unsitte, diese Waffen mit einem Zielfernrohr zu bestücken. Das über den Läufen montierte Zielfernglas macht die Bewegungen des Laufbündels selbstverständlich nicht mit, sodass sich die Treffpunktlage beim zweiten Schuss verändert.

Doppelkugelwaffen, die mit Zielfernrohr geschossen werden sollen, müssen von vornherein vom Hersteller so garniert werden, dass ein Zusammenschießen der beiden Läufe nach einer bestimmten Zeit gegeben ist. Diese Zeit muss dann einge-

Doppelbüchsen sind „wanderfreudig"

Bei absolut parallel nebeneinanderliegenden Läufen könnte man erwarten, dass deren mittlere Treffpunktlage unabhängig von der Entfernung nur um den Abstand der Laufmitten auseinanderliegen. Das ist nach dem Verlöten aber leider nicht der Fall, denn dann beeinflussen sich die Läufe durch Spannungsvorgänge gegenseitig. Wird ein Lauf abgefeuert, dehnt er sich infolge der entstehenden Wärme aus. Da ein ungehindertes Ausdehnen durch die starre Lötverbindung mit dem Nachbarlauf unmöglich ist, biegt sich der abgefeuerte Lauf durch, das gesamte Laufbündel wird verspannt. Dadurch ändert sich natürlich auch die ursprüngliche Stellung der Läufe zueinander. Nebeneinander angeordnete Läufe „kippen" um den gemeinsamen Drehpunkt zwischen ihnen einseitig nach rechts oder links: Die Einzeltrefferbilder liegen jetzt nicht mehr nur um den Abstand der Laufmitten auseinander, sondern die Treffpunktlage insgesamt wandert. Wie sich die Treffpunktlage verändert, ist nur durch Probieren festzustellen. Die Trefferbilder der einzelnen Läufe können sowohl auseinander- als auch zueinanderwandern – in letzterem Fall liegt das Schussbild des rechten Laufs unter Umständen links von dem des linken Laufs, dann kommt es zum sogenannten „Kreuzen" der Läufe. Jedes Laufpaar ist ein Individuum und muss entsprechend behandelt werden. Erst wiederholtes Anpassen und Umlöten der vorderen Laufverbindung führt schließlich zum Zusammenschießen der Läufe. Das gilt allerdings nur für eine Einschussentfernung von in der Regel 80 m. Auf andere Entfernungen verändert sich die Treffpunktlage dann wieder etwas. Bei den auf Drückjagden und der Großwildjagd üblichen geringen Schussdistanzen und großen Zielen kann das in der Praxis aber vernachlässigt werden. Bei der Großwildjagd können 40 m schon fast als weit betrachtet werden.

halten werden. Sie sollte erfahrungsgemäß zwischen vier und sieben Sekunden liegen. Der Bau einer Doppelbüchse mit verlöteten Läufen, deren Treffpunktlage beim Schuss über eine Zieloptik unabhängig vom Zeitpunkt des Folgeschusses zusammenliegt, ist technisch unmöglich. An dieser Tatsache führt kein Weg vorbei!

Umrüsten bedeutet Risiko

Wer eine über Kimme und Korn eingeschossene Doppelkugelwaffe nachträglich mit einem Zielfernrohr bestückt, lässt sich auf ein riskantes Glücksspiel ein. Es muss ausprobiert werden, nach welcher Zeit die Läufe wieder zusammenschießen. Wenn man Pech hat, schießen die Läufe erst nach einer Zeit von 15 oder 20 Sekunden wieder zusammen und machen die Waffe für die Jagd unbrauch-

bar, da ja der Hauptvorteil der Doppelbüchse – der schnelle zweite Schuss – verloren geht. Eine solche Waffe muss dann vom Büchsenmacher umgelötet werden, bis der Abstand zwischen dem ersten und dem zweiten Schuss passt. Bei abgenommenem Zielfernglas schießen

Tipp

Beim Kauf einer Doppelbüchse mit verlötetem Laufbündel sollte gleich eine möglichst große Menge an Patronen desselben Loses gekauft werden, mit dem der Hersteller das Laufbündel reguliert hat. Wird nämlich später keine andere Patrone gefunden, mit der die Läufe zusammenschießen, müssen Letztere umgelötet werden – und das ist ein kostspieliger Spaß!

▶ Bei modernen Doppelbüchsen liegen die Läufe frei und die Treffpunktlage lässt sich verstellen.

die Läufe dann allerdings über Kimme und Korn nicht mehr zusammen. Manche Doppelbüchsen sind so empfindlich, dass schon das Anbringen der Zielfernrohrmontageteile am Laufbündel das Zusammenspiel der Läufe stört und die Schussleistung beeinflusst.

Frei liegende Läufe

All die geschilderten Präzisionsprobleme fest verlöteter Läufe haben Doppelbüchsen mit frei liegenden Kugelläufen nicht. Werden die Läufe nicht miteinander verlötet, beeinflussen sie sich gegenseitig nicht. Mehrere Hersteller wie Blaser, Krieghoff oder Merkel haben solche Modelle im Programm. Um den optischen Eindruck einer Waffe mit verlöteten Läufen zu erwecken, greifen die Firmen zu kleinen Tricks. Die Firma Blaser führt bei der S 2 die eigentlichen Kugelläufe in Trägerrohren, die dann miteinander verbunden sind. So entsteht optisch keine Lücke zwischen den Läufen, die eigentlichen Kugelläufe können aber trotzdem frei in den Trägerrohren schwingen

und sind zudem auch verstellbar, sodass ein späterer Laborierungswechsel kein Problem mehr ist. Der Umfang des Laufbündels nimmt durch diese Maßnahme natürlich zu.

Krieghoff montiert bei dem Modell Thermo Stabil auf Wunsch Blenden zwischen den Läufen, die den Zwischenraum verdecken, aber das freie Ausdehnen nicht beeinflussen. Auch die Läufe der Thermo Stabil sind verstellbar. Wer unbedingt ein Zielfernrohr auf seiner Waffe haben will, sollte ein solches Modell wählen. Bezüglich der Schussleistung gibt es nichts Besseres.

Weitere Merkmale

Einabzug oder Doppelabzug

Eine immer wieder viel diskutierte Frage ist die Auslegung des Abzugs für Doppelbüchsen. Bei einer Großwildbüchse bedeutete ein Einabzug ein Sicherheitsproblem, denn wenn dieser Abzug defekt ist, können beide Läufe nicht benutzt werden. Beim Doppelabzug ist dagegen für jeden Lauf ein eigener Abzug vorhanden.

Unbestritten ist aber, dass der Einabzug einen Tick schneller ist und auch einen Handgriff weniger bedeutet. Bei einer Drückjagdbüchse für europäische Verhältnisse ist daher der Einabzug die weitaus häufiger anzutreffende Abzugseinrichtung. Bei einer Doppelbüchse für die Jagd auf wehrhaftes Wild ist er aber ein Sicherheitsrisiko.

Der Schaft

Die Doppelbüchse ist eine Waffe für den schnellen Schuss, und wie bei der Flinte ist ein passender Schaft unbedingte Voraussetzung, um die Möglichkeiten dieser Waffenart auch auszunutzen. Eine teure Doppelbüchse, deren Schaft nicht passt, ist für den Jäger unbrauchbar. Einige Probeschüsse auf den laufenden Keiler zeigen schnell, ob die Schaftmaße stimmen. Wer nach dem Anschlag erst einmal Kimme und Korn suchen muss, sollte den Schaft ändern lassen.

Das Problem bei der Doppelbüchse ist aber, dass es keinen Schaft gibt, der universell für den Schuss über Kimme und Korn und durch das Zielfernrohr geeignet ist. Wird eine optische Visierung montiert, muss dies so flach wie möglich geschehen. Trotzdem kann ein Doppelbüchsenschaft immer nur für eine Visierart optimal sein. Bei der Schaftwahl sollte also bereits feststehen, ob häufiger durch die Optik oder überwiegend über Kimme und Korn geschossen wird.

Ejektor – ein Pluspunkt

Bei der Doppelbüchse als Waffe für den schnellen Schuss ist ein automatischer Patronenauswerfer, der beim Abkippen des Laufbündels die leeren Hülsen ohne Zeitverzögerung aus den Patronenlagern katapultiert und so die Läufe sofort wieder zum Nachladen frei macht, sehr sinnvoll. Die Nachladezeit wird so erheblich verkürzt und die Waffe ist schneller wieder schussbereit.

Das hat sowohl bei der Großwildjagd als auch bei heimischen Drückjagden Vorteile. Außerdem kommt es denjenigen Schützen entgegen, die sich zwischen die Finger der linken Hand zwei Reservepatronen klemmen, um so nach dem Schuss nicht erst in den Taschen oder Patro-

◀ **Nur wenn der Schaft der Doppelbüchse passt, ist ein schneller und sicherer Anschlag möglich.**

nenschlaufen nach Patronen fingern zu müssen. Mit zwei Patronen zwischen den Fingern ist es nicht einfach, die abgeschossenen Hülsen aus den Lagern zu entfernen. Wer diese Schießtechnik anwendet, sollte auch eine Büchse mit Ejektor führen.

Weitere Büchsensysteme

Kipplaufbüchsen

Die Kipplaufbüchse ist ohne Zweifel die eleganteste und führigste aller Kugelwaffen. Wer mit ihr jagt, demonstriert damit gleichzeitig seine jagdliche Einstellung. Feuerkraft und rückstoßstarke Magnumkaliber haben hier keine Bedeutung. Die leichte Einschüssige ist die bevorzugte Waffe des besonnenen Jägers, dem es nicht darauf ankommt, möglichst viel Strecke zu machen, sondern darauf, sein Wild mit einem einzigen präzisen Kugelschuss zu erlegen, und der in heiklen Situationen den Finger durchaus auch mal gerade lassen kann.

Dem Bergjäger bietet sie den Vorteil des geringen Gewichts und die Möglichkeit des zerlegten Transports im Rucksack. Als Kipplaufwaffe ist sie mit wenigen Handgriffen zusammengesetzt und schussbereit.

Von der Herrenwaffe zur Jedermannbüchse

Kipplaufbüchsen waren immer schon die Domäne des kreativen Büchsenmachers, der diesen Waffentyp nach Kundenwünschen individuell baute. Meist aus Suhl oder Ferlach kommend, waren und sind Kipplaufbüchsen oft eine Demonstration handwerklicher und nicht zuletzt auch gravurtechnischer Kunstfertigkeit. Vielfach als „Herrenwaffe" bezeichnet, sind diese Meisterwerke natürlich für den „Durchschnittsjäger" unerschwinglich und das Angebot an serienmäßig produzierten Kipplaufbüchsen zu „normalen" Preisen war lange Zeit verschwindend gering. In den letzten Jahren ist hier jedoch ein Wandel eingetreten. Vermehrt interessieren sich Jäger für die eleganten Pirschwaffen und die Industrie hat dem auch Rechnung getragen. Heute ist die Palette an serienmäßig produzierten Kipplaufbüchsen erfreulich groß und die günstigsten Modelle sind geradezu preiswert.

Selbst die aufwendigen und gut ausgestatteten Büchsen der großen Hersteller sind mittlerweile erschwinglich, wenn die schlichten Standardversionen gewählt werden. Teuer wird es erst, wenn gute Gravuren und schönes Schaftholz hinzukommen.

▼ Kipplaufbüchsen sind leichte und elegante Jagdwaffen für den präzisen Kugelschuss.

◀ Blockbüchse von
Martin Hagn

Schlosse und Verriegelung

Bei den Schlossen und Verschlüssen unterscheidet sich die Kipplaufbüchse nicht wesentlich von der Doppelbüchse, nur dass hier alles auf einen Lauf bezogen ist.

Die meisten traditionell gefertigten Waffen sind mit Kasten- oder Seitenschlossen ausgestattet und verriegeln über Laufhaken. Schienenverlängerungen finden sich hier kaum.

Moderne Konstruktionen wie die Blaser K 95 oder die Merkel K 1 verriegeln über einen Kippblockverschluss, und das Schloss wird über einen Spannschieber auf dem Kolbenhals gespannt. Als Abzug dient entweder ein fein einstellbarer Direktabzug oder ein Rückstecher. Ein Ejektor findet sich an dieser Waffenart selten.

Blockbüchsen

Büchsen mit Blockverschluss sind extrem stabil und erheblich kürzer als Repetierbüchsen. Die Patronenlänge spielt bei diesem System keine Rolle.

Selten und exklusiv

Um die Jahrhundertwende wurden Blockbüchsen von englischen Büchsenmachern sehr gern für die Großwildjagd gebaut, denn die riesigen Nitro-Express-Patronen ließen sich hier problemlos unterbringen. Auch bei Sportschützen waren sie früher sehr beliebt und die oft kunstvoll gravierten Scheibenstutzen sind heute gesuchte Sammlerwaffen.

Heute sind Blockbüchsen relativ selten. Das einzige jagdliche Serienmodell, das eine gewisse Verbreitung gefunden hat, ist die amerikanische Ruger No. 1. Alle anderen Blockbüchsen sind Einzelanfertigungen von Büchsenmachern wie Hagn oder exklusiven Firmen wie Hartmann & Weiss. Sie basieren entweder

Tipp

Bei Blockbüchsen ist eine sogenannte Blocksperre sinnvoll. Sie verhindert, dass sich der Verschluss ungewollt öffnet und die Patrone herausfällt. Bei Ruger No. 1 fehlt diese Vorrichtung leider.

auf dem Heeren-System oder sind eigene Konstruktionen.

Funktionsweise

In der Regel werden Vertikalblockverschlüsse verwendet. Die Funktionsweise eines solchen Verschlusses ist ganz einfach, es werden nur wenige Teile benötigt. Hinter dem Patronenlager ist ein massiver Verriegelungsblock angeordnet, der durch den verlängerten Abzugsbügel bewegt wird. Er enthält den Schlagbolzen und den Schlaghammer.

Beim Herunterziehen des Blocks wird das Schlagstück rückwärtsgeschwenkt und beim Schließen des Verschlusses die Feder gespannt. Ist der Block in unterster Stellung, ist das Patronenlager frei zugänglich und die Waffe kann geladen werden. In oberster Position verschließt der Block das Patronenlager und der Schlagbolzen liegt nun hinter dem Zündhütchen der Patrone. Die Waffe ist jetzt schussbereit. Der Patronenauszieher liegt unten am Patronenlager und wird durch den Verschlussblock zwangsgesteuert.

Grundsätzlich lässt sich jede Patrone einlegen, deren Lauf sich vom Durchmesser her in den Verschluss einschrauben lässt. Ein einfaches und sehr stabiles System, zudem noch extrem kurz gebaut. Die meisten Modelle haben eine Schiebesicherung auf dem Kolbenhals, die nur auf den Abzug wirkt.

Selbstladebüchsen

Die halbautomatische Büchse ist auch in unserem weitgehend technisierten Zeitalter immer noch eine Randerscheinung und bei Gesellschaftsjagden nicht oft anzutreffen.

Das „Vollernter"-Klischee

Zu groß ist die Befürchtung vieler Jäger, von ihren Mitjägern wegen dieser Waffenart schief angesehen zu werden. „Vollernter", „Jäger-Uzi" oder „Maschinengewehr" genannt, kommen ihre Träger schnell in den Ruf mangelnder Waidgerechtigkeit, und auf vielen Drückjagdeinladungen findet sich sogar der Zusatz: „Bitte keine Selbstladewaffen".

▶ **Selbstladebüchsen haben vor allem auf Drückjagden Vorteile.**

Wie bei den Selbstladeflinten stellt sich allerdings auch wieder die Frage, ob man eine Waffe als „nicht waidgerecht" bezeichnen kann oder nicht vielmehr den Schützen, der sie führt, beurteilen sollte. Ein waidgerechter Jäger wird vielmehr die Vorteile einer Selbstladebüchse so einsetzen, dass sie dem obersten Ziel der Waidgerechtigkeit, der schnellen und schmerzlosen Tötung des Wildes also, gerecht wird.

Die Frage, ob es waidgerechter ist, dass eine beschossene Sau mit schlechtem Schuss in der Dickung verschwindet, weil der Schütze mit seinem Repetierer keinen weiteren Schuss mehr rausbekommt, oder aber ein mit einem „Automaten" schießender Jäger die Sau mit dem zweiten oder sogar dritten Schuss sofort zur Strecke bringt, dürfte sich eigentlich von selbst beantworten.

Viele Vorteile

Besonders als Drückjagdwaffe hat die halbautomatische Büchse eine Menge Vorteile gegenüber der Doppelbüchse, und erst recht gegenüber dem Repetierer. Alle Kugeln werden aus demselben Lauf abgefeuert – verspannungsbedingte Treffpunktlageveränderungen wie bei Doppelbüchsen treten also nicht auf – es ist kein manueller Repetiervorgang nötig und mit drei Schuss ist die Feuerkraft gegenüber der Doppelbüchse um 50% höher. Der Schütze kann sich ganz auf das Wild konzentrieren und braucht nur den Abzug zu betätigen – und das zu einem Preis, der noch weit unter dem eines guten Drückjagdrepetierers liegt.

Bei Selbstladewaffen unterscheidet man generell zwischen Rückstoß- und Gasdruckladern. Rückstoßlader finden wir nur bei den Flinten und Kleinkaliberwaffen.

Funktionsweise Gasdrucklader

Bei jagdlichen Selbstladebüchsen in Schalenwildkalibern haben wir es ausschließlich mit Gasdruckladern zu tun. Deren Lauf ist angebohrt, sodass ein kleiner Teil der beim Schuss entstehenden Gase ein Gleitstück zurückstoßen kann,

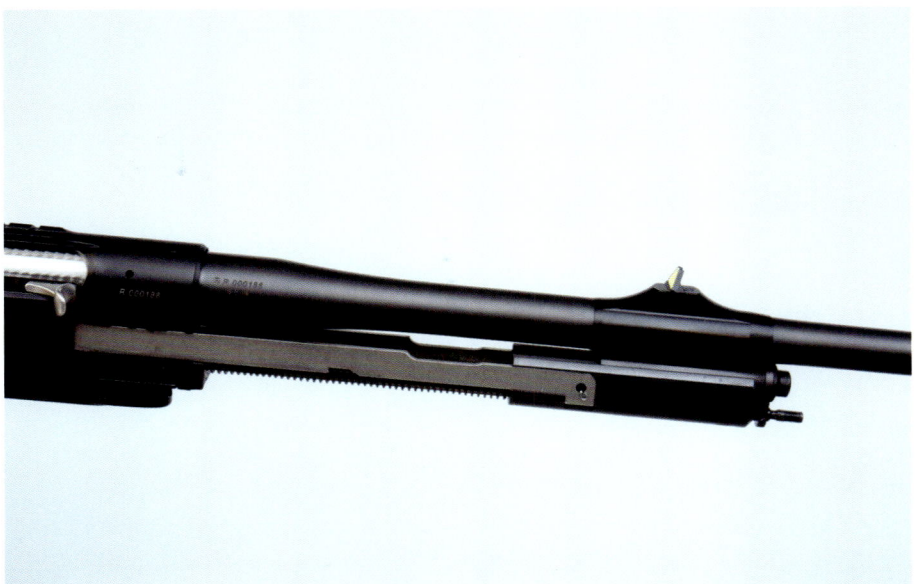

◀ **Gasdruckladerbüchse: Der Lauf wird angebohrt und Pulvergase werden auch hier abgezweigt, die den Verschluss nach hinten drücken und den Selbstladevorgang ermöglichen.**

Tipp

Moderne Selbstladebüchsen wie die Sauer S303 oder die Merkel SR1 sind funktionssicher, präzise und nicht nur ideal für die Drückjagd, sondern auch für den Ansitz gut geeignet. Viele Experten benutzen sie für den Kahlwildabschuss. Das Nachladegeräusch dieser Waffen geht im Schussknall unter, sodass das Alttier nach Erlegung seines Kalbes oft nicht abspringt. Dubletten sind mit Selbstladebüchsen also erheblich einfacher als mit Repetierern.

Tipp

Handhabung und Führen halbautomatischer Waffen verlangt immer erhöhte Vorsicht: Der Mechanismus weicht vom Gewohnten stark ab, und wer eine Selbstladebüchse führt, muss damit vollkommen vertraut sein.

welches das Verschlussstück dreht oder Verriegelungsrollen bewegt, damit die Verriegelung aufgehoben wird. Das Verschlussstück wird nach hinten geworfen, wirft die leere Hülse aus und spannt das Schlagstück neu.

Beim Vorgleiten durch den Druck der Verschlussfeder wird eine neue Patrone aus dem Magazin erfasst und in das Patronenlager geschoben. Der Verschluss verriegelt zwangsgesteuert selbsttätig und die Waffe ist wieder feuerbereit.

Abzüge und Zielfernrohrmontage

Etwas problematisch sind bei Selbstladebüchsen die Abzüge. Konstruktionsbedingt kommen nur Flinten- und Druckpunktabzüge zur Anwendung. Der Einbau eines Stechers ist nicht möglich. Außerdem muss ein gewisses Mindestgewicht eingehalten werden, damit die Waffe nicht doppelt. Auch gut justierte Abzüge liegen bei etwa 1500 g. Steht der Abzug trocken und ohne großen fühlbaren Weg, kann man damit aber sehr gut schießen und auch treffen. Bei der neuen Sauer S303 hat es der Hersteller geschafft, das Abzugsgewicht auf 1300 g zu reduzieren.

Ein großer Vorteil ist die Möglichkeit sehr flacher Zielfernrohrmontagen bei Selbstladebüchsen, denn hier muss nicht darauf Rücksicht genommen werden, dass der Kammerstängel unter dem Okular durchpasst.

Sicherungen

Die Sicherungen blockieren bei den meisten Modellen lediglich den Abzug. Verlassen sollte man sich darauf nicht. Verhält man sich aber so, wie es auf Drückjagden üblich ist, lädt also die Waffe erst nach Einnahme des Standes und verlässt diesen auch nur mit wieder entladener Waffe, ist die Sicherung kaum von Bedeutung. Die S303 von Sauer hat eine Handspannung.

Vorsicht bei der Schaftlänge!

Die meisten Serienbüchsen haben leider viel zu kurze Schäfte. Offenbar versuchen die Hersteller hier, die größere Baulänge auszugleichen. Schützen über 1,8 m Körpergröße müssen hier meist dicke Schaftkappen zur Verlängerung anbringen.

Abschließend bleibt zu sagen, dass bei passenden Schaftmaßen sowie „drückjagdtauglichem" Abzug und Visier der Waffentyp eigentlich zweitrangig ist. Jagderfolge haben in erster Linie gute Schützen, nicht Schützen mit guten Waffen.

Kombinierte und Kurzwaffen

Bockbüchsflinten

Kombinierte Waffen haben bei unserem Reviersystem und den sich überschneidenden Jagdzeiten von Hoch- und Niederwild viele Vorteile und gehören daher zu den beliebtesten Jagdwaffen. Neben dem Kugellauf auch noch einen Schrotlauf mitzuführen, ist praktisch und gibt dem Jäger die Gelegenheit, fast jede Chance zu nutzen.

Als „Universalwaffe" wird hier gern der Drilling angesehen. Neben dem hohen Preis schreckt aber viele Jäger das hohe Gewicht des „Dreiläufers". Wer auf einen zweiten Schrotlauf verzichten kann, greift daher gern zur Bockbüchsflinte oder wählt eine der raren Büchsflinten.

Bei den aufgebockten Kombinierten ist das Angebot heute sehr groß und von der einfachen italienischen Massenproduktion bis hin zur exklusiven Einzelanfertigung aus einer Ferlacher oder Suhler Werkstatt ist alles zu haben.

Die Läufe

Bockbüchsflinten mit fest verlöteten Läufen sind sicherlich die klassische Bauweise, aber auch nicht gerade unproblematisch. Mehrere Schüsse in Folge aus dem Kugellauf sind hier nicht möglich. Durch die Wärmespannungen kommt es unweigerlich zum Klettern der Schüsse (vgl. Kasten S. 31).

Frei schwingend ...

Das Klettern lässt sich vermeiden, wenn Schrot- und Kugellauf nicht miteinander verbunden werden. Die Läufe können sich dann frei ausdehnen und verändern ihre Treffpunktlage nicht. Dazu kommt, dass solche Modelle mit frei schwingendem Kugellauf oft auch noch präziser sind als Waffen mit fest verlötetem Laufbündel.

Technisch sind Bockbüchsflinten mit frei schwingendem Kugellauf den herkömmlichen Modellen deshalb klar überlegen. Lässt sich der Kugellauf noch in seiner Treffpunktlage zum Schrotlauf justieren, ist auch das Zusammenschießen mit dem Flintenlaufgeschoss einstellbar und die Waffe damit voll drückjagdtauglich.

... mit „Kosmetik"

Optisch sind Bockbüchsflinten mit frei schwingenden Läufen sicher gewöhnungsbedürftig, der Spalt zwischen

▶ Bockbüchsflinte von Merkel mit Kippblockverschluss

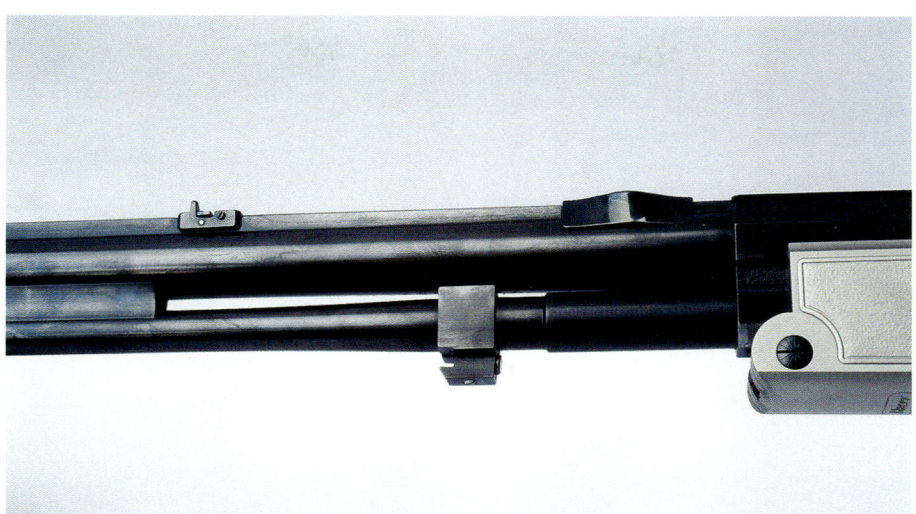

◄ Frei schwingender Kugellauf mit Verstellung. So lässt sich die Treffpunktlage zum Schrotlauf einstellen.

Schrot- und Kugellauf schreckt viele Jäger ab. Einige Hersteller wie Krieghoff und Blaser verblenden daher diesen Spalt wie bei den Doppelbüchsen mit einer Kunststoffschiene, die optisch den Eindruck eines verlöteten Laufbündels erweckt. Auch hier sind Modelle, deren Kugellauf in einem Trägerrohr liegt, auf dem Markt.

Choke
Die Chokebohrung kann bei einer kombinierten Waffe ruhig etwas enger ausfallen. Meist wird auf dem Ansitz über das Zielfernrohr geschossen, und der Vorteil der größeren Reichweite bei engerer Chokebohrung lässt sich nutzen. Der 3/4-Choke ist wohl die beste Lösung.

Wechselläufe
Bei einigen Modellen besteht die Möglichkeit, nachträglich Wechselläufe zu erwerben und so die Bockbüchsflinte zur Doppelbüchse, zur Bockflinte oder zum Bergstutzen umzurüsten. Der Vorteil einer solchen Kombination liegt darin, dass der Schütze immer mit dem gleichen Schaft und den gleichen Abzugswiderständen schießt, was sich oft sehr positiv auf die persönliche Schussleistung auswirkt.

Verschlüsse
Bockbüchsflinten in klassischer Bauweise verfügen meist über einen Kerstenverschluss in Kombination mit doppelten Laufhaken. Bei modernen Konstruktionen finden sich auch oft einfachere Keilverschlüsse oder Flankenverschlüsse. Wurde hochwertiges Material benutzt und sauber gearbeitet, hat das auf die Lebensdauer kaum Einfluss.
Wohl aber auf den Preis. Der Kerstenverschluss mit doppelten Laufhaken ist aufwendig und erfordert zeitintensive Passarbeiten, was sich natürlich im Preis niederschlägt.
Die Verschlusssysteme unterscheiden sich nicht von denen der Bockflinten und wurden dort (S. 16) genau erklärt.

Ein oder zwei Schlosse
In der Regel besitzt jeder Lauf einer Bockbüchsflinte sein eigenes Schloss. Ob dies ein Blitz-, Anson- oder Seitenschloss ist, hängt vom Preis der Waffe ab. Seitenschlosswaffen sind extrem teuer, die

preisgünstigste Variante ist das Blitzschloss. Brauchbar sind sie alle, wenn der Büchsenmacher sich mit der Justierung der Abzugswiderstände etwas Mühe gibt. Bockbüchsflinten werden aber auch mit einem Schloss angeboten. Bei ihnen kann über einen Umschalter bestimmt werden, welcher Lauf abgefeuert werden soll. Viele dieser Waffen sind als „Sicherheitswaffen" ausgelegt: Das Schloss wird erst unmittelbar vor dem Schuss mittels Schieber gespannt. Solche Waffen sind in der Handhabung sehr sicher.

Da bei einer Bockbüchsflinte wohl nur selten beide Läufe hintereinander abgefeuert werden, ist die Lösung mit einem Schloss und getrennter Spannung durchaus akzeptabel und zudem erheblich billiger. Wer seine Waffe allerdings auch auf Drückjagden einsetzen will, fährt mit einem Einschlossmodell nicht besonders gut. Voraussetzung für den Drückjagdeinsatz ist aber eine brauchbare Schussleistung mit dem Flintenlaufgeschoss.

▼ Mit einem Einstecklauf im Schrotlauf wird die Kombinierte noch universeller.

Tipp

Wird die Waffe mit eingebautem Einstecklauf eingeschossen, ändert sich die Treffpunktlage des großen Kugellaufs, wenn der Einstecklauf aus dem Schrotlauf entfernt wird. Dann muss die Zielfernrohreinstellung korrigiert werden. Bei Waffen mit frei liegendem Kugellauf spielt das keine Rolle, da hier die Massenveränderung die Schwingungen des Laufs nicht beeinflusst.

Einstecklauf

Um die „Kombinierte" noch universeller zu machen, kann der Schrotlauf mit einem Einstecklauf bestückt werden. Die Einstecklauftechnik ist mittlerweile so ausgereift, dass alle gängigen Fabrikate ihren Zweck erfüllen.

Üblich sind heute mündungslange Einsteckläufe. Sie dichten den Schrotlauf vorn ab und müssen deshalb nicht nach jedem Schuss wieder ausgebaut werden, um die Verbrennungsrückstände aus dem Schrotlauf zu entfernen. Außerdem lassen sie sich für Zentralfeuerpatronen einrichten.

Worauf es beim Einstecklauf grundsätzlich ankommt, wird im Abschnitt Drilling" (S. 44) näher ausgeführt.

Bewährt: die .22 Hornet

Die beste Patrone für den Einstecklauf ist wohl die .22 Hornet. Die Hornet-Läufe sind unproblematisch in der Präzision und Konstanz, haben für Raubwild genügend Energie und lassen Schussentfernungen bis etwa 130 m zu.

Bei einem Zweischlossmodell sollte der hintere Abzug aber einen nicht zu hohen Abzugswiderstand haben, damit mit dem Einstecklauf auch präzise geschossen werden kann.

Büchsflinten

Bei der Büchsflinte liegt der Kugellauf rechts neben dem Schrotlauf. Diese Querwaffen waren früher recht beliebt, sind heute aber schon sehr selten geworden.

Verschluss

Die Verschlussbelastung durch den Kugellauf ist bei Büchsflinten sehr hoch, während dieser Lauf bei der Bockbüchsflinte viel günstiger tief unten im Kasten eingebettet liegt. Die für Büchsflinten meistverwandten Flintenkästen waren mit den hohen Gasdrücken der Kugelpatronen daher auch oft überfordert und die Verschlüsse wurden schnell undicht.

Verschlussarten

Bei der Schloss- und Verschlusstechnik unterscheiden sich Büchsflinten nicht von Querflinten. In der Regel werden Flintenkästen benutzt und anstatt des rechten Schrotlaufs ein Kugellauf garniert. Der vordere Abzug hat dann natürlich einen Rückstecher.

Tipp

Büchsflintenwechselläufe werden heute hauptsächlich für Doppelbüchsen gebaut, um die Drückjagdwaffe auch universell einsetzen zu können. Die massiven Doppelbüchsenverschlüsse haben mit dem Wechsellauf naturgemäß keine Probleme, da sie von vornherein für die Gasdrücke von Kugelpatronen ausgelegt sind.

Die Besonderheit der Büchsflinte ist ihr asymmetrisches Laufbündel. Der Kugellauf ist im Verhältnis zum Schrotlauf ja erheblich dünner und die Laufschiene fällt an der dem Kugellauf zugewandten Seite entsprechend hoch aus.

Wärmespannung und Treffpunktlage

Wie bei allen Waffen mit verlöteten Laufbündeln treten auch bei der Büchsflinte Wärmespannungen auf, wenn ein Lauf abgefeuert wird. Werden mehrere Schüsse aus dem Kugellauf hintereinander

◀ Büchsflinten, hier eine Merkel, sind heute relativ selten.

abgegeben, ohne dass das Laufbündel auskühlen kann, wandert auch hier die Treffpunktlage. Allerdings nicht wie bei der Bockbüchsflinte nach oben, sondern zur Seite, denn der Kugellauf liegt ja neben dem Schrotlauf.

Der warme Kugellauf kann sich nicht in der Länge ausdehnen und biegt sich daher zur rechten Seite aus, an der er frei liegt – die Mündung wandert daher nach links, sodass die Folgeschüsse aus dem warmen Lauf ebenfalls immer weiter links liegen. In der Praxis ist das aber eher unerheblich, denn kaum jemand wird mit einer kombinierten Waffe Serien schießen und im Revier wird selten mehr als der zweite Schuss benötigt.

Büchsflinten spielen heute keine große Rolle mehr, sie wurden fast vollständig von der Bockbüchsflinte verdrängt und sind reine Liebhaberwaffen. Das einzige Serienmodell kommt von Merkel. Krieghoff baut für die Doppelbüchse Classic ein Büchsflinten-Wechsellaufbündel.

Drillinge

Der Drilling ist eine fast ausschließlich auf den deutschsprachigen Raum beschränkte Waffenart. Das hängt vor allem mit dem hier vorherrschenden Reviersystem zusammen, das die Verwendung einer Waffe, die sowohl den Schrotschuss als auch den Kugelschuss erlaubt, interessant macht.

Mit einem Drilling hat der Jäger immer „alles dabei" und kann, wenn auch noch ein Einstecklauf für ein Schonzeitkaliber in einem der Schrotläufe montiert wurde, praktisch das ganze Jahr hindurch mit einer einzigen Waffe jagen. Der Drilling ist zwar genau betrachtet für keine Jagdart wirklich optimal – doch kann dafür ein damit ausgerüsteter Jäger tatsächlich jede Chance nutzen. Bei den oftmals kleinräumigen Revieren, in denen verschiedene Wildarten nur als Wechselwild auftauchen, ist das natürlich eine verlockende Sache.

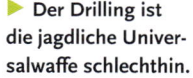
▶ **Der Drilling ist die jagdliche Universalwaffe schlechthin.**

Es war einmal: Preiswerte „Försterwaffe"

Früher war der Drilling die „Försterwaffe" und entsprechend preiswert, doch das hat sich drastisch geändert. Drillinge gehören heute zu den teuersten Jagdwaffen überhaupt: Ein guter Drilling kostet so viel wie eine Repetierbüchse mit Zieloptik, eine Bockflinte und eine Schonzeitbüchse zusammen. Grund ist der hohe Anteil an Handarbeit, die bei Drillingen herkömmlicher Bauart unvermeidbar ist. Das Laufbündel muss auch im heutigen Industriezeitalter von Hand zusammengelegt werden. Eine Maschine kann das nicht übernehmen. Auch die Schlosskonstruktion ist sehr aufwendig, denn in der Regel werden drei Schlosse über zwei Abzüge bedient.

Besondere Bauweisen

Wenn von einem Drilling gesprochen wird, meint man in der Regel den sogenannten Flintendrilling, also die Kombination von zwei Flintenläufen mit einem Kugellauf, wobei die Schrotläufe oben und nebeneinander angeordnet sind und der Kugellauf mittig darunter.
Es gibt aber auch noch andere Zusammenstellungen.

„Waldläufer"

Heute kaum noch zu finden und nicht mehr in laufender Produktion, ist der sogenannte Waldläufer, eine Waffe, die neben den zwei Flintenläufen noch über einen kleinen Kugellauf in einem Schonzeitkaliber verfügt. Dieses kleine Läufchen ist über den Schrotläufen in der Laufschiene angeordnet.

Doppelbüchsdrilling

Wesentlich gebräuchlicher und wieder stark im Kommen ist der Doppelbüchsdrilling. Zwei meist großkalibrige Kugelläufe werden durch einen Schrotlauf ergänzt. Diese Ausführung ist für Drückjagden gedacht, um neben Schalenwild auch noch Fuchs und Hase mit Schrot schießen zu können. Wird ein Flintenlaufgeschoss geladen, stehen sogar drei Schüsse zur Verfügung, ohne die Waffe aus dem Anschlag nehmen zu müssen.

Je nach Ausführung sind hier die Kugelläufe nebeneinander mit unten liegendem Schrotlauf angeordnet oder aber schräg seitlich versetzt in der alten Suhler Bauweise. Hier wird einer Büchsflinte quasi ein darunterliegender Kugellauf hinzugefügt, was dieser Bauweise auch den Namen „Büchsflintendrilling" eintrug.

Bockdrilling

Die dritte Spielart der Dreiläufer ist der sogenannte Bockdrilling, der zwei Kugelläufe unterschiedlicher Kaliber mit einem Schrotlauf kombiniert – eigentlich also ein Bergstutzen mit zusätzlichem Schrotlauf. Seit es mündungslange Einsteckläufe für Zentralfeuerkaliber gibt, die leicht zu handhaben und sehr präzise sind, hat es der Bockdrilling allerdings schwer. Ein normaler Flintendrilling mit Einstecklauf ist nicht nur wesentlich preiswerter, sondern auch universeller, da der kleinkalibrige Lauf ja jederzeit ausgebaut werden kann, womit dann wieder beide Schrotläufe zur Verfügung stehen. Einziger Vorteil des Bockdrillings ist sein schnittiges Aussehen.
Etwas Leben in die Szene hat allerdings der Bockdrilling der Firma Blaser gebracht. Er ist nicht nur sehr preisgünstig, sondern verfügt auch über einen verstellbaren kleinen Kugellauf. Hierdurch wird

Tipp

Ist ein Bockdrilling mit einem kleinen Kugellauf ausgestattet, sollte der unbedingt verstellbar sein. Mit der kleinen Kugel wird oft erheblich öfter geschossen, sodass sich mit der Zeit infolge starker Abnutzung ihre Treffpunktlage verändert. Hat die Waffe beim Kauf auch noch so perfekt zusammengeschossen, ist dann eine Korrektur notwendig.

Der Bockdrilling hat zwei Kugelläufe in unterschiedlichen Kalibern. Diese Waffe von Heym hat einen verstellbaren kleinen Kugellauf.

ein großes Risiko – dass nämlich bei einem Laborierungswechsel die Läufe nicht mehr zusammenschießen – ausgeschaltet. Das veranlasste schließlich auch die anderen Hersteller von Bockdrillingen dazu, ihre Waffen mit einer solchen Laufverstellung auszustatten. Die neueste Ausführung von Heym hat jetzt sogar einen in einem Trägerrohr frei schwingenden, rostfreien kleinen Kugellauf mit Verstellung.

Kugel oben, Schrot unten

Frischen Wind in die Szene brachte die Firma Blaser auch mit der Vorstellung des D99. Dabei handelt es sich wieder um einen Flintendrilling mit zwei Schrotläufen und einem Kugellauf – allerdings liegen die Schrotläufe unten und der Kugellauf mittig darüber. So kann die preisgünstige und sichere Blaser-Sattelmontage verwendet werden.

Die maschinengerechte Bauweise macht den Blaser D99 zu einem der günstigsten Drillingen, der überdies problemlos durch Wechsellaufbündel zum Bockdrilling oder Doppelbüchsdrilling umgerüstet werden kann. Die neueste Variante hat sogar drei Kugelläufe – und dies auf Wunsch gar in unterschiedlichen Kalibern.

Schlosskonstruktionen

Die Art der Schlosse hat große Bedeutung für den Verkaufspreis. Standarddrillinge sind mit Blitzschlossen ausgestattet, während teure Waffen Seitenschlosse für die Schrotläufe und ein Blitzschloss für den Kugellauf haben. Beim Kugellauf hat das Blitzschloss kaum Nachteile, da ja in der Regel über den Stecher geschossen wird. Auch der rechte Schrotlauf und ein darin untergebrachter Einstecklauf können über den Stecher geschossen werden.

Blitzschlosse und Abzugsgewicht

Beim linken Schrotlauf allerdings oder auch dann, wenn der Drilling als Doppelflinte für den schnellen Schrotschuss benutzt wird, zeigen sich die Nachteile der Blitzschlosse. Aus Sicherheitsgründen können sie nicht so weich eingestellt werden wie Seitenschlosse oder Anson-Schlosse. Mit dem höheren Abzugsgewicht muss man hier also leben. Seitenschlosse sind zwar die bessere, aber auch die wesentlich teurere Lösung. Anson-Schlosse findet man bei den heutigen Drillingen nicht mehr. Soll der Drilling aber auch als Drückjagdwaffe dienen, gibt es mit den hart stehenden Abzügen

◀ **Krieghoff-Drilling mit Seitenschlossen für die Schrotläufe. Der Kugellauf hat ein Blitzschloss mit Handspannung.**

bei Blitzschlossen oft Probleme. Blaser stattet den D99 mit Handspannung und Feinabzügen aus. Die Abzugsgewichte und die Charakteristik des Abzugs sind an diesem Hightechdrilling vorbildlich.

Der Verschluss

Fast alle alten Konstruktionen, die schon lange auf dem Markt sind, haben eine doppelte Laufhakenverriegelung und einen zusätzlichen Greener-Querriegel. Diese Ausführung hat sich bewährt und ist langlebig. Allerdings ist die Fertigung auch sehr aufwendig und teuer. Bei Neukonstruktionen, wie etwa dem Krieghoff Plus, geht man daher zu der wesentlich günstigeren Keilverriegelung über. Ein sich selbst nachstellender Verschlusskeil, der fast über die ganze Breite der Basküle reicht, übernimmt hier die Verriegelungsaufgaben. Dank moderner Materialien und präziser Maschinenfertigung ist auch dieser Verschluss allen

Anforderungen gewachsen. Blasers D99 ist gar mit einem Kippblockverschluss ausgestattet.

Weitere Ausstattungsmerkmale

Ein Drilling braucht ein komplettes Visier, also Kimme und Korn, wenn der Kugellauf ohne Zielfernrohr benutzt wird. Wird der Dreiläufer auch auf Drückjagden benutzt, kommt dies sogar recht häufig vor. Beim schnellen Schrotschuss stört die Kimme aber. Sie muss sich also in die Laufschiene versenken lassen.

Kimmen – automatisch oder manuell

Die meisten Drillinge haben daher ein sogenanntes „automatisches Visier", welches hochklappt, wenn die Waffe auf „Kugel" gestellt wird. Eine praktische Sache, da man im Anschlag sofort sieht, ob der vordere Abzug den Kugel- oder Schrotlauf auslösen wird. Diese Einrich-

▶ Das automatische Visier klappt hoch, wenn der Drilling auf Kugel gestellt wird.

▶ Das automatische Visier klappt hoch, wenn der Drilling auf Kugel gestellt wird.

tung fällt allerdings immer mehr den Sparmaßnahmen zum Opfer oder wird bei Neukonstruktionen von vornherein weggelassen. Eine Kimme ist natürlich immer noch vorhanden, nur muss sie von Hand hochgestellt werden.

Von Schrot auf Kugel

An Bedienungselementen benötigt der Drilling neben den beiden Abzügen und der Sicherung noch einen Umschalter für die Schlosse. Er befindet sich entweder auf der Scheibe neben der Sicherung oder links am Schaft.

Wesentlich besser aber ist eine separate Kugelspannung. Das Kugelschloss wird hierbei über einen Spannschieber von Hand gespannt. Wird der Spannschieber betätigt, steht der vordere Abzug auch automatisch auf Kugel. Das hat den Vorteil, dass der Kugellauf bei gesicherten Schrotläufen abgefeuert werden kann und umgekehrt die Schrotläufe bei entspanntem Kugelschloss.

Die Sicherung wirkt bei diesen Konstruktionen immer nur auf die Schrotläufe. Die separate Kugelspannung ist, wenngleich sie einen Aufpreis bedingt, auch deshalb eine sehr sinnvolle Einrichtung.

Einstecklauf im Drilling

Einsteckläufe waren früher nur ein Behelf und lediglich für schwache Schonzeitkaliber eingerichtet. Heute sieht das ganz anders aus. Moderne, lauflange Einsteckläufe lassen sich auch für starke Zentralfeuerpatronen bis hin zur 9,3 x 74 R einrichten und sind erstaunlich präzise und einfach zu handhaben.

So starke Patronen sind allerdings für einen Drilling nicht ratsam. Selbst Rehwildkaliber wie die 5,6 x 50R Magnum können für manche Modelle schon zu viel des Guten sein. Die Stoßbodenbelastung ist hier um ein Mehrfaches höher als beim Abfeuern einer Schrotpatrone, und da kann es schnell zu deutlich fühlbarem Spiel im Verschluss kommen. Moderne Konstruktionen wie der Blaser D99 oder der Krieghoff Plus vertragen aber auch eine Rehwildpatrone klaglos. Die günstigste und auch meistverlangte Raubwildpatrone für Einsteckläufe ist aber die .22 Hornet.

Mündungslange Einsteckläufe haben sich mittlerweile in der Praxis durchgesetzt, und heute führt kaum noch ein Jäger seinen Drilling ohne einen eingeschobenen kleinen Kugellauf.

Von Semper zu mündungslang

Den Einstecklauf-Boom löste seinerzeit die Firma Krieghoff mit den kleinen, nur 22 cm und später dann 44 cm langen Semper-Läufchen. Diese Läufe im Kaliber .22 Magnum wurden nur im Patronenlager festgeklemmt und konnten kleine Zentralfeuerpatronen verdauen. Versuche mit der .22 Hornet führten zu unbefriedigenden Ergebnissen. Später ging man dazu über, den Einstecklauf auch vorn abzustützen, was die Technik entscheidend verbesserte.

Die ersten Modelle, wie etwa der Princess, endeten noch 10 oder 15 cm vor der Mündung des Schrotlaufs. Das beeinflusste die Leistung kaum, doch musste der Einstecklauf für jede Reinigung des Schrotlaufs zuvor ausgebaut werden und seine Verstellung von der Mündung her war auch kaum möglich. Aus diesen Gründen wurde der Einstecklauf der Länge des Schrotlaufs angepasst; viele Hersteller dichten den Lauf vorn mit einem Gummiring ab. In einem ordentlich konservierten Schrotlauf kann ein Einstecklauf ohne Weiteres mehrere Monate eingebaut bleiben.

Verstellung ...

Die Treffpunktlage des kleinkalibrigen Einstecklaufs ist der der großen Kugel anzupassen, denn beide Läufe sollen ja über ein Zielfernrohr geschossen werden. Dazu bedarf es einer Verstelleinrichtung, die bei allen Fabrikaten grundsätzlich nach dem gleichen Prinzip funktioniert: Der Lauf wird verbogen. Hier macht man also eigentlich das, was bei Büchsenläufen streng verpönt ist: Der Lauf wird verspannt. Trotzdem schießen Einsteckläufe erstaunlich präzise.

Fabrikatabhängig ist die Anordnung der Verstelleinrichtung. Sie kann sich an der Mündung oder auch irgendwo zwischen Laufmitte und Laufmündung befinden. Hier gehen die Meinungen der Hersteller auseinander.

Tipp

Auch Einsteckläufe brauchen beim Einschießen Kühlpausen. Bei längeren Serien verspannen sie sich und die Treffpunktlage wandert. Nach fünf Schüssen sollte der Lauf Zeit zum Abkühlen bekommen.

... vorn oder mittig?

Sehr bequem für den Benutzer ist eine an der Laufmündung platzierte Verstelleinrichtung, denn dann muss für eine Korrektur der Treffpunktlage der Lauf nicht aus dem Trägerlauf entfernt werden. Die Treffpunktlage des Einstecklaufs zu verändern, ohne ihn auszubauen, ist zunächst verlockend, aber auch nicht ohne Probleme: Ist die Verstelleinrichtung in der Mitte des Laufs angebracht, erstreckt sich das Verbiegen gleichmäßig über die ganze Länge; wird dagegen von vorn verstellt, sitzt die Spannung hauptsächlich im vorderen Drittel und ist natürlich entsprechend höher. Ob Einsteckläufe mit der Verstelleinrichtung in der Mitte präziser und konstanter schießen als von vorn verstellbare, ist immer noch ein Diskussionspunkt. Rein technisch gesehen müsste es allerdings so sein.

Qualitätskriterien

Entscheidend für die Qualität eines Einstecklaufs sind die Wiederkehrgenauigkeit, die Präzision im kalten und warmen Zustand, die Handhabung und die

Abdichtung des Schrotlaufs gegen Regen. Die heute angebotenen Einsteckläufe sind weitgehend ausgereift, die Technik wird von allen Herstellern beherrscht. Technisch gesehen kann man also beim Kauf eines Einstecklaufs nicht viel falsch machen. Unterschiede gibt es hauptsächlich beim Gewicht und beim Preis. Der Drilling ist von Haus aus schon eine recht gewichtige Waffe und mit einem Einstecklauf wird die Fünfkilogrenze inklusive Montage und Zielfernrohr beim Gesamtgewicht schnell überschritten. Praktisch sind rostfreie Läufe, die auch ohne Reinigung das ganze Jahr über in der Waffe bleiben können. Tombakrückstände müssen natürlich trotzdem entfernt werden, doch bei der Hornet ist das nur alle 40 bis 50 Schuss notwendig – und das reicht den meisten Jägern für eine Jagdsaison.

Einmal im Jahr sollte der Einstecklauf aber ausgebaut werden, damit der Schrotlauf gereinigt und mit einem guten Waffenöl konserviert werden kann.

Faustfeuerwaffen

Vorbemerkungen

Der jagdliche Einsatz von Kurzwaffen ist umstritten und sollte gut überlegt sein. Im Dunkeln mit der Taschenlampe in der einen und dem Revolver in der anderen Hand einer angeschweißten Sau in die Dickung zu folgen, ist nicht sehr empfehlenswert. Wird, wie es sein sollte, am nächsten Tag mit dem Schweißhund nachgesucht, gibt sowieso der Hundeführer den Fangschuss. So gesehen ist eine Kurzwaffe also eigentlich nur dem Schweißhundeführer zu empfehlen. Der sollte dann aber auch permanent üben und seine Waffe wirklich aus dem Effeff beherrschen.

Wenn schon, dann fangschusstauglich

Trotzdem hat ein großer Teil der Jäger eine Kurzwaffe in der Tasche, wenn die Jagd dem „gefährlichsten deutschen Wild", den Sauen, gilt. Es könnte ja mal

▶ Moderne Einstecklaufe haben eine sehr gute Präzision und sind nach Ein- und Ausbau sehr wiederkehrgenau.

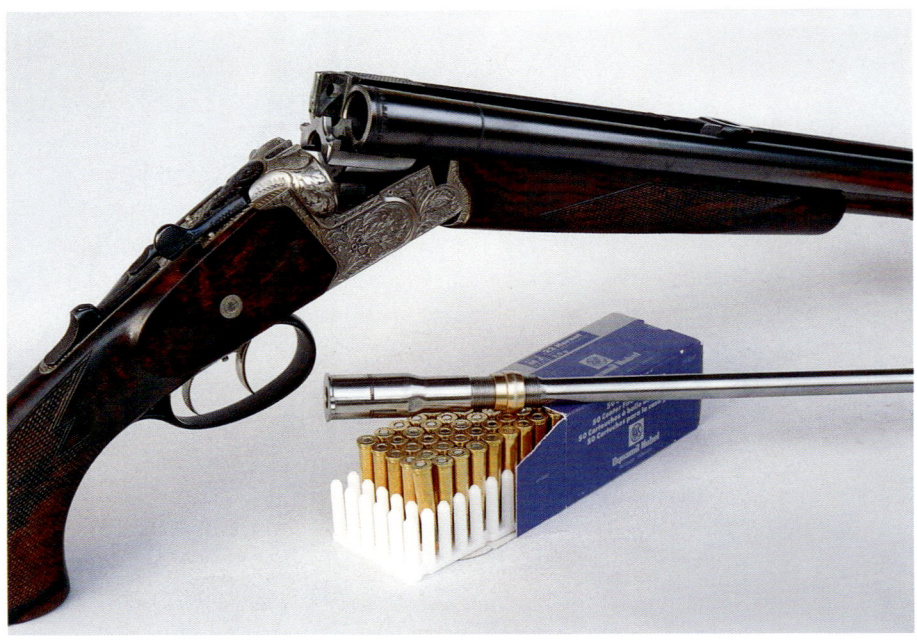

◄ Revolver lassen kaum eine Fehl-bedienung zu und es können keine Teile, wie das Magazin bei Pistolen, verloren oder vergessen werden.

sein, dass das beschossene Stück noch lebt, wenn man hinzutritt, und außerdem liest man ja so viel von Überfällen auf Jäger. Da beruhigt ein Revolver am Gürtel schon ungemein.

Wenn schon eine Kurzwaffe geführt wird, dann aber bitte auch in einem brauch-baren Kaliber – hierauf wird im entspre-chenden Kapitel detailliert eingegangen – und ein Modell, das möglichst wenig Spielraum für Fehlbedienungen lässt.

Revolver störunanfälliger

Hier ist grundsätzlich der Revolver einer Pistole überlegen. Abgesehen von der größeren Störanfälligkeit bei der Verwen-dung von Teilmantel- oder Hohlspitzmu-nition, die für den Fangschuss unbedingt zu empfehlen ist, lässt die Pistole vor allem mehr Spielraum für „menschliches Versagen". Der Schütze kann vergessen durchzuladen, die Sicherung ist noch ein-gelegt, das Magazin hat sich unbemerkt gelöst oder es wurde sogar zu Hause vergessen.

Revolver versus Pistole

Obwohl heute nahezu „narrensichere" Pistolen angeboten werden, bevorzugt ein Großteil der Jäger den Revolver. Das kommt nicht von ungefähr, denn trotz aller modernen Technik sind bei einer Selbstladepistole einfach mehr Hand-griffe notwendig, um die Waffe schuss-fertig zu machen oder umgekehrt wieder zu entladen.

Der Revolver dagegen funktioniert mit jeder Patronensorte und muss nicht erst durch Manipulationen schussfertig gemacht werden. Sind die Trommelkam-mern gefüllt, ist die Waffe einsatzfertig. Wenn der Schütze jetzt den Abzug durch-zieht, fällt der Schuss, vorausgesetzt, es handelt sich um einen Double-Action-Revolver, was aber heute fast ausnahms-los der Fall ist. In Stresssituationen ist der Revolver also vor allem für Jäger, die nicht laufend mit der Kurzwaffe üben, im Prin-zip die bessere Waffe.

Pistole – nur mit sicherem Abzug

Fällt die Wahl trotzdem auf eine Pistole, dann möglichst auf ein Modell, das sich auch mit einer Patrone im Lauf ohne Gefahr führen lässt und über einen Spannabzug oder einen Safe-Action-Abzug verfügt. Hier gibt es heute eine gute Auswahl, etwa die Modelle von Glock, SIG-Sauer, die Steyr M40 oder die Walther P99. Konstruktionen wie die Glock kommen ohne manuelle Sicherung aus und sind sofort schussbereit. Da das Schloss nicht vollständig gespannt ist, kann die Pistole trotzdem gefahrlos geführt werden („Safe Action").

Merkmale, Zubehör und Handhabung

Das Spektrum der Ausstattungsmerkmale ist bei Kurzwaffen bei Weitem nicht so groß wie bei den Langwaffen. Es sind im Wesentlichen zwei Bauteile, die auf ihre Praxistauglichkeit Einfluss haben: Besondere Bedeutung haben bequeme Griffschalen sowie eine praxisgerechte Visierung.

Griffschalen: Neopren praktischer als Holz

Ein wahres Trauerspiel sind an vielen Kurzwaffen die Griffschalen. Oft sind sie viel zu glatt oder schlichtweg zu klein. Besonders bei Revolvern wird dem Käufer hier einiges zugemutet. Bei großkalibrigen, rückstoßstarken Kurzwaffen sind Holzgriffschalen, eventuell noch mit offenem Griffrücken, eine echte Strafe. Praktisch, wenngleich optisch nicht gerade umwerfend, sind die Neopren-Griffschalen von Pachmayr oder Uncle Mikes. Sie sind rutschfest, können nicht springen, dämpfen den Rückstoß und sind vor allem so konzipiert, dass sie eine „normale" Hand auch ausfüllen.

Visierung

Eine Fangschusswaffe braucht keine aufwendige, in Höhe und Seite voll verstellbare Mikrometervisierung. Solche Sportvisierungen haben zwar ein gutes, klares Zielbild und sind auch sehr komfortabel, dafür aber auch sperrig und empfindlich. Eine seitlich im Schwal-

▶ Moderne Pistolen mit Sicherheitsabzug wie die Glock oder Spannabzug wie die Beretta 92 sind ebenfalls sehr handhabungssicher und haben eine hohe Feuerkraft.

◀ Neoprengriff-
schalen sind zwar
nicht schön, aber
sehr bequem zu
schießen und rück-
stoßdämpfend.

benschwanz verstellbare Kimme und
austauschbare Korne, die eine Höhenkorrektur möglich machen, reichen für eine
Fangschusswaffe vollkommen aus und
sind hier die robustere Lösung.

Weiße oder rote Farbmarkierungen in
der Visierung werden oft empfohlen,
da damit auch ein Schuss bei schlechtem Licht möglich sein soll, in der Praxis
aber halten sie kaum, was die Hersteller versprechen. Wichtiger ist, dass die
Kimme blendfrei ist und keine polierten
Flächen aufweist.

Ideal sind mattschwarze Visierungen.
Sportschützen benutzen ein spezielles
Visierspray, um Lichtreflexe auszuschließen – eine rußende Kerzenflamme tut es
aber auch.

Die blanken Stainless-Waffen sind sehr
beliebt, denn sie brauchen wenig Pflege,
rosten nicht und können problemlos in
einem Lederholster aufbewahrt werden.
Etwas problematisch ist es aber, wenn
auch das Visier aus blankem Edelstahl
ist. Bei Sonnenlicht funkelt es dann und
liefert kein vernünftiges Zielbild.

Holster

Wer eine Kurzwaffe führen will, kommt
um den Kauf eines Holsters nicht herum.
Fangschusstaugliche Waffen sind meist
so schwer, dass das Tragen in der Manteltasche alles andere als bequem ist. Außerdem verschmutzt die Waffe dort auch
leicht, denn in den Taschen eines Jagd-
mantels sammeln sich erfahrungsgemäß
Fusseln und Schmutzteilchen an, die
schnell in die Mechanik gelangen.

Ob ein Hüftholster, rechts oder links,
oder ein Schulterholster getragen wird,
muss jeder selbst entscheiden. In dicker
Winterbekleidung ist ein Schulterholster
leichter erreichbar, dafür aber umständlich anzulegen, und es ist auch teurer

Tipp

Es hat sich bewährt, die Kurzwaffe hoch
rechts am Gürtel zu tragen und das Fut-
ter der rechten Manteltasche des Jagd-
mantels aufzutrennen. So lässt sich die
Waffe durch die Manteltasche leicht erreichen und trotzdem bequem tragen.

Tipp

Lederholster sind zur Aufbewahrung von Stainless-Waffen geeignet, für brünierte Faustfeuerwaffen aber nicht zu empfehlen. Die im Leder enthaltene Gerbsäure kann die Brünierung angreifen und so ein Rosten der Waffe befördern.

Tipp

Geübt werden sollte auch mit der Fangschusslaborierung. Auf dem Schießstand nur schwache Scheibenlaborierungen zu schießen, ist wenig praxisgerecht. Die harte Magnumpatrone führt im Revier dann zu Problemen, weil der Schütze Rückschlag, Knall und Mündungsblitz so nicht gewohnt ist.

als ein Gürtelholster. Klassische Holster bestehen aus Leder. Es werden aber auch moderne Kunststoffholster angeboten, die viel leichter, preisgünstiger, pflegeleichter und vor allem atmungsaktiv sind. Wichtig ist eine gute Passform des Holsters. Es sollte den Abzug der Kurzwaffe verdecken. Ein jagdliches Holster muss die Waffe sicher festhalten und schützen. Schnelles Ziehen ist Nebensache und kommt in der Jagdpraxis wesentlich seltener vor als im Fernsehen und Kino.

Übung ist das A und O

Kurzwaffen sind nicht schwieriger zu handhaben als Langwaffen. Büchse und Flinte werden aber ständig benutzt, Pistole oder Revolver dagegen kaum, und wenn es dann darauf ankommt, passieren oft Fehler.

Regelmäßige Übung mit der Kurzwaffe ist also wichtig. Wie eine Pistole zum Schuss fertig gemacht wird, muss in Fleisch und Blut übergehen und kann mit entladener Waffe zu Hause geübt werden. Wer im Ernstfall erst nachdenken muss, wo der Sicherungshebel ist und in welcher Position die Waffe feuerbereit ist, hat schlechte Karten.

Geschossen wird mit großkalibrigen Fangschusswaffen möglichst auf kurze Entfernung – also auf etwa fünf bis sieben Meter. Weiter wird auch im Revier nicht geschossen. Als Zielscheibe ist die „Überläuferscheibe" des DJV gut geeignet. Die Waffe wird im beidhändigen Anschlag geschossen. Einhändiges Schießen sollte man den Sportschützen überlassen.

▶ Zu einer Fangschusswaffe gehört auch ein brauchbares Holster.

Zieloptik

Zielfernrohre

Zielfernrohre finden sich heute auf fast allen Waffen, die über einen Kugellauf verfügen. Neben Universalgläsern für den Ansitz bei noch gutem Licht und die Pirsch unterscheiden wir hier hauptsächlich lichtstarke Optiken für den Ansitz bei schlechtem Licht und Zielfernrohre für den Schuss auf flüchtiges Wild, die sogenannten Drückjagdgläser.

Allgemeines

Bei Drückjagdgläsern ist ein möglichst großes Sehfeld wichtig, während die Lichtstärke keine Rolle spielt. Bei Gläsern für die Ansitzjagd ist dagegen ein möglichst hoher Lichtdurchlassgrad erwünscht, der es erlaubt, auch bei nachlassendem Licht oder Mondschein noch einen gezielten Schuss abzugeben. Hierzu ist ein großer Objektivdurchmesser notwendig. Zwischen diesen Extremen liegen die universell einsetzbaren Zielfernrohre, die sowohl bei der Pirsch, der Drückjagd und dem Ansitz bei Dämmerung einsetzbar sind. Mit den Spezialisten können diese Optiken, die meist einen Objektivdurchmesser von 42 bis 50 mm haben, aber nicht mithalten. Für schnelle Drückjagdsauen ist das Sehfeld zu klein und die Montagehöhe zu groß und bei wirklich schlechtem Licht das Bild zu dunkel. Die Montage von zwei Spezialoptiken ist die bessere, zweifelsohne aber auch die teurere Lösung.

Leichtmetall und Edelgas

Die Rohrkörper moderner Zielfernrohre bestehen heute fast ausschließlich aus Leichtmetall. Bezüglich der Festigkeit und Robustheit sind die modernen Legierungen den Stahlgläsern durchaus ebenbürtig und bieten neben der Gewichtsersparnis noch den Vorteil der Korrosionsbeständigkeit.

Auch fest vergrößernde Zielfernrohre werden kaum noch gekauft, denn variable Zielfernrohre sind wesentlich universeller und weisen heute auch keine größeren Baulängen oder höheren Gewichte mehr auf. Damit bleibt den festen Zielfernrohren nur noch ein Preisvorteil.

Qualitätskriterien

Neben dem Verwendungszweck ist das entscheidende Kriterium bei der Wahl eines Zielfernrohrs selbstverständlich dessen Qualität. Letztere teilt sich grundsätzlich in zwei Bereiche: den mechanischen und den optischen.

Präzision und Belastbarkeit

Bei der Zielfernrohrmechanik wird mit Minimaltoleranzen gearbeitet. Schussfestigkeit und Präzision der Absehenverstellung sind Voraussetzungen, ohne die ein Zielfernrohr wertlos ist. Beim Schuss wird das Glas enormen Belastungen ausgesetzt. Die Prellschläge können die Position des Absehens durchaus verändern. Das lässt sich kaum vermeiden – nur muss das Absehen dann wieder exakt in die Ausgangslage zurückkehren.

▼ In ihren Anfangsjahren noch verpönt, sind Zielfernrohre heute aus der Jagd nicht mehr wegzudenken.

Welches Zielfernrohr für welche Jagdart

	Zielfernrohre (konstante Vergrößerung)			Variable Zielfernrohre		
	4 x 32	6 x 42 10 x 42	7 x 50 8 x 56	1,25–4 x 20 1–6 x 24	1,5–6 x 42 2,5–10 x 42 1,7–10 x 42	3–9 x 50 3–12 x 56 2,5–15 x 56
Drückjagd				•		
Tagpirsch und Ansitz	•				•	
Bergjagd		•			•	
Ansitz in der Dämmerung		•	•		•	•
Nachtansitz			•			•

Beschlagfreiheit

Um einen Innenbeschlag der Linsen bei Temperaturwechsel zu verhindern, tauschen die meisten Hersteller in ihren Zielfernrohren die Luft gegen ein Edelgas wie Nitrogen oder Argon aus. Solche Zielfernrohre sind dann also luft- und damit auch wasserdicht.

Qualitätsprüfung

Markenhersteller unterziehen jedes Glas vor der Auslieferung in den Handel einer umfassenden Qualitätsprüfung. Bei preiswerten Fabrikaten wird hier notwendigerweise unter dem Zwang der Kostenminimierung oft gespart.

Absehen auf Objektivebene sind sicherer

Besondere Vorsicht ist bei variablen Zielfernrohren geboten, deren Absehen sich in der Okularebene befindet. Leicht erkennbar ist dies daran, dass sich bei diesen Gläsern die Stärke des Absehens beim Wechsel der Vergrößerung nicht verändert.

Während bei herkömmlichen Zielfernrohren mit Absehen in der Objektivebene eine Veränderung der Treffpunktlage bei wechselnder Vergrößerung technisch gar nicht möglich ist, besteht bei einem Absehen in der Okularebene die Möglichkeit der Treffpunktlageveränderung, wenn

Technische Daten der gängigen Zielfernrohre (Durchschnittswerte)

Vergrößerung und Objektdurchmesser	4 x 32	6 x 42	8 x 56	1,5–6 x 42	3–12 x 56
Austrittspupille (mm)	8	7	7	28 – 7	18,7 – 4,7
Dämmerungszahl	11,3	15,9	21,2	7,9 – 15,9	130,0 – 26
Sehfeld auf 100 m*	10	7,4	5,5	18,5 – 6,5	9 – 3,3
Gewicht (g)*	ca. 320	ca. 420	ca. 600	ca. 550	ca. 680

* Je nach Fabrikat können sich bei Sehfeld und Gewicht Abweichungen ergeben. Die angegebenen Gewichte beziehen sich auf Zielfernrohre in Stahlbauweise. Gläser aus Leichtmetall sind etwas leichter.

Absehen und Merkmale

Absehen 1		– drei starke Balken auch bei schlechtem Licht gut zu sehen – feine Spitze eignet sich für Punktschüsse – Weitschüsse und höheres Anhalten problematisch, da dicker Mittelbalken kleine Ziele verdeckt!
Absehen 4		– starke Balken auch bei schlechtem Licht gut zu sehen – auch für Weitschüsse mit höherem Anhalten geeignet, da feines Fadenkreuz als Ziel nicht verdeckt
Absehen 2		– ideal zum Flüchtigschießen, da feiner waagerechter Faden das Ziel nicht verdeckt
Absehen 6	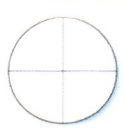	– ideal zum Scheibenschießen wegen sehr feinem Fadenkreuz – Fadenkreuz nur für Tageslicht gedacht
Duplex		– sehr beliebt in den USA – dünner als Absehen 4 und daher besonders für präzise Weitschüsse geeignet
Absehen 3	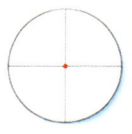	– wie Absehen 6, aber mit mittigem Punkt – ebenfalls Scheiben-Absehen: Punkt strengt Augen weniger an als feines Fadenkreuz und erlaubt längere Schussserien
Diavari-Absehen		– nur in Zeiss-ZFR verbaut – Aufbau wie Absehen 1, Zielstachel und Querbalken verjüngen sich aber zur Mitte hin, Zielstachelspitze reicht nur bis Querbalkenmitte
Absehen 8		– Aufbau wie amerikanische Duplex, Balken aber kräftiger – Balkenabstand hier 140 cm auf 100 m – dicke Balken auch in der Dämmerung gut zu sehen

Außerdem gibt es noch zahlreiche Spezialabsehen für bestimmt Zwecke. Viele Hersteller haben eigene, gegenüber den Standardabsehen leicht modifizierte Absehen entwickelt.

nicht mit absoluten Minimaltoleranzen gearbeitet wird. Wer ein solches Glas erwerben will, sollte ein Spitzenfabrikat wählen, um Ärger zu vermeiden.

Dioptrienausgleich

Wo der Dioptrienausgleich angeordnet wird, ist Geschmackssache. Amerikanische Produkte haben oft eine sehr feine Verstellung mit vielen Gewindegägen vor dem Okular. Die Einstellung wird durch einen Ring gekontert und kann sich kaum verstellen. Europäische Hersteller bringen die Scharfstellung dagegen meist am Okularende an und legen sie als „Schnellverstellung" mit ausgesprochen kurzem Weg aus.

Absehenverstellung

Wichtig ist eine gut beschriftete Höhen- und Seitenverstellung des Absehens, möglichst mit Umdrehungsanzeige und späterer „Nullstellung". Damit kann nach dem Einschießen die Höhen- und Seitenverstellung wieder auf „null" gestellt werden. Auch wenn dann mal eine andere Patrone mit differierender Treffpunktlage

eingesetzt wird und das Absehen entsprechender Korrektur bedarf, kann es immer wieder schnell auf die Ursprungslage zurückgedreht werden.

Parallaxeausgleich

An manchen Zielfernrohren befindet sich vorn am Objektiv ein Drehring, der dazu dient, die sogenannte Parallaxe des Glases an die gegebene Schussentfernung anzupassen. Einige Modelle haben auch einen zusätzlichen dritten Turm, in dem diese Verstellung untergebracht ist.
Ein Parallaxeausgleich ist bei den vergrößerungsstarken Zielfernrohren der Sportschützen heute schon längst Standard und auch sinnvoll. Für sie ist auch die genaue Entfernung kein Problem, denn sie wissen ja, wie lang ihre Schießbahnen sind. Auch der Jäger kann davon bei wirklichen Weitschüssen, wie sie im Gebirge oder in offenen Feldrevieren schon mal vorkommen können, profitieren.
Man muss allerdings die Entfernung schon recht genau schätzen können, sonst ist es besser, den Verstellring in Ruhe zu lassen und sich lieber darauf zu

◀ Europäische Zielfernrohre haben eine Schnellverstellung am Ende des Okulars.

konzentrieren, korrekt durch das Glas zu schauen. In Verbindung mit einem genau arbeitenden Entfernungsmesser auf Laserbasis ist eine Parallaxeverstellung allerdings auch für Jäger eine feine Sache.

Bildhelligkeit

Der für Jäger interessanteste Punkt bei Zielfernrohren, die in der Dämmerung oder beim Nachtansitz eingesetzt werden, ist die „Bildhelligkeit" des Glases, die überwiegend aus der Lichtdurchlässigkeit resultiert (Transmission). Ausschlaggebend dafür ist die Oberflächenqualität der Linsen. Überall dort, wo Glas und Luft aufeinandertreffen, entstehen Reflexionen, die Helligkeit verbrauchen.

Mehrfachvergütung auf allen Linsen
Bei hochwertigen Zielfernrohren sind auch die innenliegenden Glaskörper aufwendig mehrschichtvergütet, bei Billigprodukten oft nur die Frontlinsen. Eine gute Jagdoptik sollte einen Lichtdurchlassgrad von über 85 % aufweisen. Die Spitze des technisch Möglichen liegt zurzeit bei etwa 94 %.

Spezialoptiken

Auch bei der Zieloptik schreitet die Technik immer weiter voran und so werden auch Zielfernrohre mit zusätzlichen Ausstattungsmerkmalen für die Jagd angeboten.

Der Parallaxeausgleich

Im Objektiv eines Zielfernrohrs wird zunächst ein auf dem Kopf stehendes Bild erzeugt, das dann durch das sogenannte Umkehrsystem wieder „gedreht" wird. Bild und Absehen werden gemeinsam im Okular vergrößert. Liegt nun dieses Bild nicht genau in der gleichen Ebene wie das Absehen, kann es zur Parallaxe kommen: Befindet sich das Auge des Benutzers nicht genau in der Austrittspupillenachse, können Änderungen der Treffpunktlage entstehen. Ein Zielfernrohr lässt sich immer nur auf eine bestimmte Entfernung parallaxefrei einrichten, ab Werk in der Regel auf etwa 100 m. Bei Zielfernrohren mit bis zu achtfacher Vergrößerung und auf normale jagdlichen Entfernungen kann die Parallaxe vernachlässigt werden, da die Differenzen minimal sind und in der Waffenstreuung untergehen. Mit steigender Vergrößerung nimmt aber die Parallaxe auch bei gleichbleibender Entfernung zu. Bei hoher Vergrößerung und weiten – oder auch sehr nahen – Schüssen kann es jetzt zu einer merklichen Veränderung der Treffpunktlage kommen, wenn der Schütze nicht genau mittig durch das Glas schaut. Bei vorhandenem Parallaxeausgleich kann das Zielfernrohr dann entsprechend der Schussdistanz parallaxefrei justiert werden.

Parallaxeverstellung als dritter Turm am Mittelrohr. Die Leuchteinheit ist bei diesem Schmidt & Bender PM II dahinter platziert.

Multi-Zoom-Zielfernrohre

War bei Zielfernrohren lange Zeit der vierfache Zoomfaktor Standard, so hat sich das in den letzten Jahrzehnten geändert. Nahezu alle Hersteller haben heute Zieloptiken mit fünf- bis sechsfachem oder noch höherem Zoomfaktor im Programm. Eine Technik, die dem Anwender zwar durchaus eine ganze Reihe an Vorteilen bietet und der optimalen Zieloptik sehr nahekommt, dafür aber bei der Herstellung auch nicht unproblematisch ist.

Wird ein großer Zoombereich mit schlechter Auflösung, kleinem Sehfeld, zu geringem Augenabstand oder mangelnder Randschärfe erkauft, ist dem Jäger damit wenig gedient und ein herkömmliches Vierfach-Zoom-Zielfernrohr allemal besser. Wirklich gute Multi-Zoom-Zielfernrohre sind daher auch entsprechend teuer.

Zwei in einem

Die großen Marken wie Swarovski, Zeiss oder Leica haben Multi-Zoom-Modelle im Programm, die sich sehr universell einsetzen lassen. So deckt ein 2–12 x 50 oder 1,8–15 x 50 von der Drückjagd bis zum Ansitz bei schlechtem Licht alles ab. Sie ersetzen damit eigentlich zwei Zielfernrohre und brauchen nur eine Montage, das relativiert den hohen Preis damit schon wieder

Bauartbedingt haben alle Multi-Zoom-Optiken einen großen Okulardurchmesser, was bei einem niedrig montierten Drückjagdzielfernrohr problematisch werden kann, wenn die Trägerwaffe eine Repetierbüchse mit großem Öffnungswinkel, etwa ein 98er-System ist. Dann ist eine höhere Montage notwendig. Moderne Repetierer und alle Kipplaufwaffen haben hier keine Probleme.

Zielfernrohre mit Leuchtabsehen

Alle großen Optikhersteller haben mittlerweile Zielfernrohre mit beleuchteten Absehen im Programm. Die Technik ist bei allen fast gleich und eigentlich ganz simpel. Es handelt sich um eine Strichplattenbeleuchtung.

Dabei wird das Absehen auf eine Glasscheibe geätzt. Unbeleuchtet erscheint das Absehen schwarz, weil auf dessen dem Auge zugewandte Seite kein Licht fällt. Wird die Beleuchtungseinrichtung dann aktiviert, sorgt eine rote Leuchtdiode dafür, dass der gewünschte Teil des Absehens – ein Punkt, ein Fadenkreuz oder ein beliebiges anderes Gebilde – rot erscheint.

Je dunkler das Bild im Zielfernrohr ist, umso heller strahlt das Absehen. Schaut man bei normalem Tageslicht durch so ein Glas, muss man die Beleuchtung auf die höchste Stufe zudrehen, um überhaupt eine Leuchtwirkung festzustellen. Entsprechend kann die Intensität des rot leuchtenden Absehenteils über einen Dimmer reguliert werden.

Je nach Bauart ist dieser Dimmer in einem extra Dom an der linken Seite des Zielfernrohrs untergebracht oder in den Turm der Höhenverstellung integriert.

Bei Zielfernrohren mit Absehen in der

◄ Multi-Zoom-Zielfernrohre bietet z. B. Zeiss mit der Modellreihe Victory V8 an, im Bild das 1,8–14 x 50.

Okularbildebene wird der Dimmer auch hinten auf dem Okular angebracht. Die Batterie, in aller Regel eine flache Knopfzelle, sitzt ebenfalls unter dem Dimmer.

Für Drückjagd und schlechtes Licht
Die klassischen Einsatzgebiete von Zielfernrohren mit beleuchteten Absehen sind die Drückjagd und der Ansitz bei schlechtem Licht. Entsprechend dieser Vorgabe bieten die Optikhersteller ihre beleuchteten Absehen deshalb bevorzugt in kleinen Drückjagdgläsern mit großem Sehfeld und in lichtstarken Dämmerungsgläsern an. Nur in diesen Zielfernrohren macht ein besser sichtbares Absehen überhaupt Sinn.

Zielfernrohre mit Entfernungsmesser

Die Firma Swarovski brachte schon vor einigen Jahren ein Zielfernrohr mit eingebautem Entfernungsmesser auf den Markt. Der Erfolg war nicht sehr groß, denn die Optik war zu voluminös und schwer. Dann war es lange Zeit still um diese Technik, denn Swarovski hielt weltweit die entsprechenden Patente.
Erst nach Ablauf der Patentrechte tat sich wieder etwas auf diesem Gebiet. 2006 brachten Bushnell, Burris und Zeiss Zielfernrohre mit integriertem Entfernungsmesser auf den Markt. Weitere Hersteller werden folgen. Das Ziel wird wie beim Schuss mit dem Absehen anvisiert, und nach Auslösen der Messung über eine Taste wird die genaue Schussdistanz digital im Zielfernrohr angezeigt. Verfügt die Zieloptik über eine Absehenschnellverstellung, kann diese Schussentfernung eingestellt und ohne Haltepunktkorrektur geschossen werden.
Die Kombination von Zielfernrohr und Entfernungsmesser in einem Gerät ist

Leuchtabsehen

Ein leuchtender roter Punkt oder ein Kreuz ist vor dunklem Hintergrund, also auch dem Wildkörper, besser zu sehen als ein schwarzes Absehen. Bei ausreichendem Licht gestattet das also einen präziseren Schuss als eine herkömmliche Zieleinrichtung. Die Betonung liegt aber ausdrücklich auf „bei ausrechen dem Licht": Ist das Ziel nicht mehr genau zu erkennen, nützt auch das beleuchtete Absehen nichts mehr.
Bei schlechten Lichtverhältnissen sollte ein Leuchtabsehen so wenig leuchten wie möglich, da sonst das Ziel unweigerlich überstrahlt wird und sich der Vorteil ins Gegenteil kehrt: Der Schütze sieht nun buchstäblich rot. Bei Drückjagdzielfernrohren muss umgekehrt der Zielpunkt hell leuchten. Auch bei Sonnenlicht oder Schnee muss er gut zu sehen sein, ohne allerdings das Auge des Schützen sofort anzuziehen.
Zunehmend legen die Hersteller die ersten fünf oder sechs Stufen der Absehenbeleuchtung schwach für den Ansitz aus und die weiteren deutlich heller für den Gebrauch bei Tageslicht. Sinnvoll ist das natürlich nur bei universell einsetzbaren Modellen, denn reine Drückjagdgläser sind für den Ansitz zu lichtschwach, und lichtstarke Zielfernrohre für den Ansitz haben ein zu kleines Sehfeld für die Drückjagd.

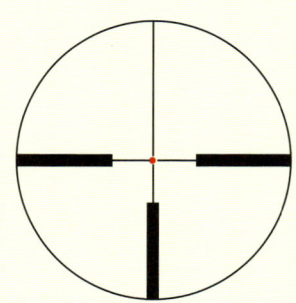

Beleuchtete Absehen haben sich bei Zielfernrohren durchgesetzt und sind heute Standard.

Tipp

Zielfernrohre mit beleuchtetem Absehen brauchen keine dicken Balken zusätzlich. Nachts ist der rote Punkt oder das beleuchtete Fadenkreuz gut sichtbar, sodass starke Balken überflüssig sind. Bei Tageslicht ist ohnehin ein feines Absehen vorteilhafter als sehr kräftige Balken, weil kleine Ziele damit besser anvisiert werden können.

praktisch, aber entsprechend kostspielig. Ein separater Entfernungsmesser kann mit mehreren Waffen zusammen eingesetzt werden.

Leuchtpunktvisiere

Leuchtpunktvisiere haben sich mittlerweile einen festen Platz auf den Büchsen vieler Drückjagdschützen erobert. Sie haben gegenüber einem Zielfernrohr einige Vorteile beim schnellen Schuss auf flüchtiges Wild, zumindest auf kurze Drückjagdentfernung.

Der Schütze lässt beim Visieren beide Augen offen und hat so einen besseren Überblick ohne Einschränkung des Sehfeldes wie bei einem Zielfernrohr. Bei der Montage muss kein genau definierter Augenabstand eingehalten werden,

wodurch es möglich ist, das Rotpunktvisier weit genug vom Auge des Schützen zu platzieren, um Verletzungen durch den Rückstoß bei starken Kalibern oder unsauberem Anschlag auszuschließen. Zuletzt ist ein Rotpunktvisier noch erheblich preisgünstiger als ein Drückjagdzielfernrohr.

Sein Vorteil gegenüber dem Schuss über Kimme und Korn besteht darin, dass der Schütze nicht die drei Ebenen Kimme, Korn und Ziel zusammenbringen, sondern lediglich den roten Zielpunkt auf den Wildkörper platzieren muss. Dort, wo der rote Punkt im Augenblick des Abdrückens steht, sitzt auch die Kugel.

Rohrbauweise

Die Funktionsweise eines klassischen Rot- oder Leuchtpunktvisiers herkömmlicher Bauweise ist ganz einfach. Im Prinzip ist es nichts anderes als eine Röhre, in der auf einer einseitig verspiegelten Glasscheibe durch eine Leuchtdiode ein roter Punkt erzeugt wird, der quasi das Absehen darstellt und mit dem Ziel zusammen abgebildet wird. Da keine Vergrößerung vorhanden ist, wird auch das Sehfeld nicht eingeschränkt. Visiert werden muss beidäugig. Beim Gebrauch des Leuchtpunktvisiers entsteht

◀ **Das Zeiss Diarange hat einen eingebauten Entfernungsmesser.**

dann der Eindruck, der rote Zielpunkt befände sich direkt auf dem Wildkörper. Vom Zielfernrohr bereits vorhandene Montageunterteile können oft verwandt werden, zumindest bei den Modellen, die wie ein Zielfernrohr aufgebaut sind.

Minibildschirm à la Air Force

Neben der Rohrbauweise mit eingespiegeltem Leuchtpunkt gibt es auch Modelle mit abweichender Technik. Ein Rohr fehlt bei diesen Konstruktionen und der rote Leuchtpunkt wird auf eine kleine, frei stehende Glasscheibe projiziert. Als Vorbild dienten die sogenannten Head-up-Displays von Air-Force-Kampfjets, bei denen wichtige Fluginformationen mittels eines Hologramms in das Sichtfeld des Piloten projiziert werden. Die Visiere dieser Bauweise sind sehr leicht und lassen sich oft sogar auf Kurzwaffen montieren. Viele Modelle wie das Holosight von Bushnell oder das OK-Dot haben an der Unterseite bereits Klemmbacken für Weaver-Montagen. Das erlaubt eine preisgünstige Montage – aber nur dann, wenn die Waffe auch mit einer entsprechenden Schiene ausgestattet ist. Für andere Montagearten

sind zwar Adapterstücke oder Spezialmontagen im Handel, das aber macht die Montage wieder teurer und komplizierter. Extrem klein und nur 25 g schwer ist das Docter Sight II, das problemlos auf nur einem Montageunterteil befestigt werden kann. Es passt in die Tasche des Jagdhemdes und kann stets mitgeführt werden. Mit einer Spezialmontage wie die Maklick der Firma MAK lässt es sich in Sekundenschnelle auf dem Vorderfuß einer Schwenkmontage anbringen und aus der Ansitzwaffe wird eine Drückjagd- oder Nachsuchenbüchse.

Der Schaft muss passen

Welches Modell letztendlich gewählt wird, ist eine Sache des persönlichen Geschmacks. Ganz einfach ist der Umgang mit Leuchtpunktvisieren nicht, viele Schützen haben Probleme, beide Augen offen zu lassen, und finden oft den roten Zielpunkt nicht sofort. Gerade das ist aber für den schnellen Schuss wichtig. Deshalb muss die Schäftung der Waffe passen, denn wenn der Schütze nicht gerade mit dem Kopf hinter dem Visier ist, wird der Zielpunkt nicht wahrgenommen. Wer aber gelernt hat, mit dem roten

▶ Leicht und problemlos zu montieren: das Docter Sight II

Punkt zu schießen, hat ein Visier, das ohne Sehfeldeinschränkung nutzbar und auf Kurzdistanzen sehr komfortabel ist.

Zielfernrohrmontagen

Das Montagegesteck ist ein kleines, aber sehr wichtiges Bauteil, dem oft zu wenig Bedeutung beigemessen wird. Diese Verbindung von Waffe und Zielfernrohr ist für die konstante Präzision von eminenter Bedeutung. Seit der Erfindung von Zieloptiken für Schusswaffen in den 1980er-Jahren versucht man, die optimale Lösung zu finden.

Fest und Wechselmontagen

Relativ unkompliziert und sicher ist es, Waffe und Zielfernrohr zu einer festen Einheit zu verbinden. Solche Festmontagen werden heute in aller Welt in großer Stückzahl eingesetzt. Die Vorteile liegen auf der Hand. Die Verbindung ist schussfest, preiswert und es werden fast alle Fehlerquellen ausgeschaltet.

Die Ansprüche der Jäger
Jäger, besonders in Europa, haben jedoch gewisse Ansprüche an ihre Montagen, denen Festmontagen nicht genügen. Das rührt nicht allein von den Besonderheiten der Jagd her, sondern auch von den häufig verwendeten Waffentypen: Bei den gern geführten kombinierten Waffen, die wahlweise den Schrot- oder Kugelschuss ermöglichen, ist ein schnell abnehmbares Zielfernrohr für den schnellen Schrotschuss auf laufendes oder fliegendes Wild unbedingt notwendig. Aber auch bei einläufigen Kugelwaffen kann es bei Nachsuchen, Fangschüssen oder der Drückjagd notwendig sein, über die offene Visierung zu schießen.

Oft werden auf einer Büchse auch zwei Zieloptiken benutzt, entweder zwei Zielfernrohre unterschiedlicher Leistung für Pirsch und Drückjagd einerseits und den Nachtansitz andererseits oder ein Rotpunktvisier als Ergänzung zum Zielfernrohr. Auch hier muss die Montage einen schnellen Wechsel erlauben.

Ein langer Weg zur Ausgereiftheit
Das Zielfernrohr muss sich aber nicht nur schnell abnehmen und wieder aufsetzen lassen, sondern es darf sich dabei vor allem auch die Treffpunktlage nicht verändern, da sonst die Büchse jagdlich wertlos wäre.
Diese Vorgabe machte die Sache kompliziert. Das lässt sich auch an der Vielzahl von Montagen erkennen, die im Lauf der Zeit erfunden und angeboten wurden, aber dann nach einiger Zeit wieder verschwanden, weil sie in der Praxis nicht das hielten, was der Konstrukteur sich und seinen Kunden davon versprach. Heute steht eine ganze Anzahl von Zielfernrohrmontagen zur Verfügung, die technisch ausgereift sind und zuverlässig arbeiten. Jede Montage hat ihre besonderen Vorzüge und Schwächen und ist auch meist für spezielle Waffentypen besonders geeignet.

Einhakmontagen

Unter Einhakmontage wird meist die sogenannte Suhler Einhakmontage (SEM) verstanden, die aber nicht allein nach diesem Prinzip arbeitet. Neben der SEM gibt es noch die Krieghoff-Einhakmontage und die Kontra-Einhakmontage. Die Krieghoff-Einhakmontage unterscheidet sich kaum von der Suhler Einhakmontage. Sie hat statt der zwei kleinen Haken am Oberteil des Hinterfußes lediglich einen zentrisch angebrachten,

▶ Zielfernrohr-
montagen gibt es für
jede Optik und für
jedes Waffenmodell.
Wichtig ist es, die
richtige Montage für
den jeweiligen
Zweck zu wählen.

kräftigen Haken. Dementsprechend ist auch in der Hinterplatte nur ein Eingriff vorhanden. Dies ist durch die im hinteren Teil massive Visierschiene der Krieghoff-Kipplaufwaffen bedingt und war hier auch sinnvoll. Die Handhabung unterscheidet sich nicht von der der SEM. Die Kontra-Einhakmontage arbeitet dagegen gänzlich unterschiedlich. Sie wird zuerst mit dem Hinterfuß aufgesetzt und verriegelt vorn. Ihr war kein großer Erfolg beschieden und heute ist sie daher kaum noch zu finden. Die nachfolgenden Ausführungen beziehen sich daher auf die „klassische Einhakmontage" nach Suhler Art.

Suhler Einhakmontage

Bei der Suhler Einhakmontage wird der am Objektivkopf des Zielfernrohrs angebrachte Montagefuß in die vordere Fußplatte auf der Waffe eingehakt. Nach kurzem, kräftigem Niederdrücken rastet der hintere am Mittelrohr des Zielfernrohrs befestigte Montagefuß in die hintere Montageplatte ein. Um das Glas abzunehmen, muss der an der hinteren Fußplatte angebrachte, gefederte Schie-

ber zurückgezogen werden, worauf die Verriegelung des Hinterfußes aufgehoben ist und das Glas hinten angehoben und ausgehakt werden kann.
Ein Support am hinteren Montagefuß erlaubt eine seitliche Justierung des Zielfernrohrs. Die SEM ist besonders für Zielfernrohre mit Schiene geeignet.
Die Einhakmontage ist die aufwendigste Zielfernrohrmontage und verlangt sehr aufwendige Passarbeiten. Der Büchsenmacher muss hier sehr sorgfältig arbeiten. Diese Montage wird gern bei kombinierten Waffen eingesetzt, da sie sehr elegant ist und die flachen Fußplatten bei abgenommenem Glas nicht stören. Erstklassig ausgeführt, kann sie durchaus lange Zeit zufriedenstellen. Infolge des hohen Fertigungsaufwands mit viel Handarbeit ist die Einhakmontage auch die mit Abstand teuerste Montageart.

Aufschub- und Aufkippmontagen

Die Aufschub- und Aufkippmontagen gehören zu den weltweit meistverwandten Zielfernrohrmontagen. Als Montageunterteil dienen bei beiden Montagearten eine Prismenschiene oder bei Repetierern

Tipp

Wurde die Waffe zuvor ohne Zieloptik im Revier geführt, sollte vor dem Einsetzen der Montagefüße des Zielfernrohrs immer kurz in die Montagebasen gepustet werden. Bereits kleine Sandkörner in den Fußplatten können zu einer Veränderung der Treffpunktlage führen!

zwei Prismenplatten auf den Hülsenbrücken, die entweder fest mit der Waffe verbunden oder aus dem vollen Material gefräst sind. Die Aufschubmontage wird von hinten aufgeschoben, während die Aufkippmontage seitlich aufgesetzt und dann aufgekippt wird. Die Befestigung erfolgt entweder über Rändelschrauben oder mittels Klemmhebel.

Besonders für Schonzeitwaffen und Sportgewehre werden diese Montageformen gern gewählt. Sie sind nicht nur preisgünstiger als Schwenk- oder gar Einhakmontagen, sondern lassen sich auch leicht selbst montieren.

Bezüglich der Schussfestigkeit sind erstklassige Aufschub- oder Aufkippmontagen den Schwenk- und Einhakmontagen durchaus ebenbürtig. Ihr Nachteil liegt in der Wiederholgenauigkeit nach dem Absetzen und erneutem Aufsetzen. Da die Montage immer an die gleiche Stelle gesetzt werden muss und auch die Klemmschrauben mit möglichst immer gleicher Kraft anzuziehen sind, um die Treffpunktlage zu garantieren, ist sie wesentlich schwieriger zu handhaben als die Einhak- oder die Schwenkmontage. Wer aber darauf verzichtet, sein Glas abzunehmen, was bei Schonzeit- und Sportwaffen ja fast die Regel ist, wird mit diesen preiswerten Montagen keine Probleme bekommen und kann eine Menge Geld sparen.

Suhler Aufkippmontage von Merkel

Die Suhler Aufkippmontage (SAM) der Firma Merkel ist eine Art Sattelmontage, die direkt in die Ausfräsungen des Laufs eingreift und keine aufgesetzten Unter-

◀ Die kleinen Krallen der Suhler Einhakmontage sind sehr empfindlich.

teile benötigt. Das Prinzip ist dem der Blaser-Sattelmontage (s. S. 70) sehr ähnlich, nur arbeitet die Firma Merkel mit Klemmbacken, die über zwei Hebel in nach oben hinterfräste Schlitze in den Lauf eingreifen. Werden die beiden Verriegelungshebel in die hintere Stellung gezogen, pressen sich diese Klemmbacken in die Schlitze.

Um das Zielfernrohr zusätzlich gegen Verrutschen in Längsrichtung zu sichern, weist der Lauf oben einen Querschlitz auf, in den wie bei der Weaver-Montage ein an der Montageunterseite angefräster Steg eingreift. Damit sitzt das Glas immer an exakt der gleichen Stelle.

Die Montage ist einteilig und kann wahlweise mit Ringen oder für Gläser mit Innenschiene geordert werden. Die Klemmhebel haben eine zusätzliche Sicherung über einen Drücker, der ein unbeabsichtigtes Lösen der Hebel verhindert. Zum Abnehmen des Zielfernrohrs müssen die Hebel mit eingedrücktem Sicherungsdrücker nach vorn geschwenkt

> **Tipp**
>
> Die Klemmbacken einer Aufkippmontage mit einem Drehmomentschlüssel anzuziehen, erhöht die Wiederkehrgenauigkeit erheblich: Die Kraft, mit der die Klemmbacken an das Prisma gepresst werden, ist stets gleich!

werden. Das Glas lässt sich dann einfach nach oben abnehmen.

Schwenkmontagen

Montagen, die nach dem Schwenkprinzip arbeiten, nehmen heute einen großen Raum ein und sind in Europa die meistbenutzten Montagen. Grundsätzlich unterscheiden wir hier zwei Bauarten.

Bei der klassischen EAW-Schwenkmontage sitzt das den Hinterfuß verriegelnde Schlösschen auf der Waffe.

Bei der zweiten Variante – hierzu gehören die EAW-Hebelschwenkmontagen, die über einen Drehring verriegelnden Montagen nach Blaser, Bock und Recknagel

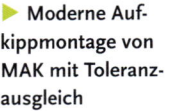

► Moderne Aufkippmontage von MAK mit Toleranzausgleich

sowie die mit einem Schieber ausgerüsteten Modelle von Steyr und AKAH – wird der auf der Waffe angebrachte Hinterfuß lediglich durch ein flaches Prismenstück gebildet. Der komplette Verriegelungsmechanismus sitzt am Zielfernrohr. Diese Montageart wird mit Ausnahme der für die Repetierbüchsen dieses Herstellers konzipierten Steyr-Montage gern bei Kipplaufwaffen eingesetzt, da bei abgenommenem Glas hier keine Montageteile in die Visierlinie ragen. Das ist beim Schuss über Kimme und Korn vorteilhaft.

EAW-Schwenkmontage ...

Die Befestigung des Glases auf der Waffe erfolgt über eine Vorderplatte und den Drehbolzenverschluss. Der am Vorderfuß der Zielfernrohrmontage angefräste Zapfen wird in einem Winkel von 90 Grad in die passende Ausfräsung der auf der Waffe befestigten Vorderplatte eingesetzt und geschwenkt. Wenn das Glas parallel zum Lauf ausgerichtet ist, rastet der Drehbolzenverschluss automatisch ein und legt das Glas fest.
Das eigentliche Verbindungselement zwischen Glas und Waffe ist der Vorderfuß. Er nimmt die gesamten Rückstoßkräfte auf. Je nach Konstruktion des Zielfernrohrs ist er mit einem Prisma oder einem Ring ausgestattet. Um das Glas wieder auszuschwenken, muss der unter Federspannung stehende Drehbolzen über den kleinen Hebel hochgeschwenkt werden. Jetzt lässt sich das Glas seitlich aus dem Schloss drücken, ausschwenken und in der 90-Grad-Position abnehmen.

... einfach und unkompliziert

Diese Montage ist in der Ausführung im Vergleich zur Suhler Einhakmontage sehr

◀ Vorderplatte einer EAW-Schwenkmontage. Sie nimmt alle Kräfte auf, die beim Schuss entstehen.

einfach und unkompliziert. Sie erfordert wesentlich weniger Fachkenntnis und Zeit, wodurch viele Fehlermöglichkeiten von vornherein ausgeschlossen werden. Alle Teile sind schon ab Werk brüniert, weil in der Regel keine Nacharbeit erforderlich ist.
Überdies ist diese Montageart überaus stabil und wird auch mit rückstoßstarken Kalibern problemlos fertig. Der massive Vorderzapfen hat gegenüber den kleinen Füßen der SEM einen dreimal so großen Scherquerschnitt. Dazu kommt die Möglichkeit, ohne großen Aufwand ein Zweitglas, auch mit anderer Baulänge und anderem Objektivdurchmesser, zu montieren. Bei der SEM ist hier meist eine zweite Vorderplatte notwendig. Besonders für Repetierbüchsen ist somit die EAW-Schwenkmontage gegenüber der Einhakmontage im Vorteil. Sie ist nicht nur wesentlich preisgünstiger, sondern auch noch stabiler, universeller und mit wesentlich weniger Fehlermöglichkeiten zu montieren.

Schwenkmontagen für Kipplaufwaffen

Lange Zeit war die Suhler-Einhakmontage die einzige Montageart, mittels der eine kombinierte Waffe mit einem Zielfernrohr bestückt werden konnte.
Der große Vorteil der SEM lag in den

▶ Bei der Schwenk-
montage wird das
Glas im 90-Grad-
Winkel aufgesetzt
und mit einer Dreh-
bewegung einge-
schwenkt.

mit der Visierschiene bündig abschlie-
ßenden Fußplatten. Bei abgenommenem Glas ragen hier keine Montageteile
in die Visierlinie – für eine kombinierte
Waffe, die auch dem Schrotschuss dient,
eine unbedingt notwendige Voraussetzung. Bei der herkömmlichen Schwenkmontage wie der EAW-Montage befindet
sich das Schlösschen für den Hinterfuß jedoch auf der Waffe und ragt in das
Blickfeld des Schützen.

Um das Schwenkprinzip auch bei Kipplaufwaffen einsetzen zu können, sind
verschiedene Hersteller dazu übergegan-
gen, als Hinterfuß lediglich eine flache
Prismenplatte zu verwenden und die
Verriegelungsmechanik des Hinterfußes
 am Oberteil der Zielfernrohrmontage
anzubringen.

Als Vorderfuß wird der normale Zapfen
der herkömmlichen Schwenkmontage
benutzt. Der dazu passende Sockel lässt
sich bündig in die Schiene einer Kipplaufwaffe einpassen. Das ist natürlich bei
dem flachen Prismenstück, das die hintere Fußplatte bildet, noch einfacher.

Alle auftretenden Rückstoßkräfte werden
wie bei der Schwenkmontage vom Zapfen
des Vorderfußes aufgenommen. Der am
Zielfernrohr mittels Ring oder Prisma
angebrachte Hinterfuß schwenkt gegen
die Fußplatte und wird mit einer kleinen
Kralle, die sich an das Prisma legt, fixiert.
Damit ist eine definierte seitliche Fest-
legung gegeben. Ob die Verriegelungs-
kralle über einen Hebel, einen Schieber
oder einen Drehring bedient wird, ist
vom Modell und vom Hersteller abhängig. Einen Einfluss auf die Qualität der
Montage hat die Art der Verriegelung
nicht. Diese Art der Schwenkmontage hat
die gleichen Vorteile in Bezug auf Stabilität, Montagefreundlichkeit und Wiederholgenauigkeit gegenüber der SEM wie
die Schwenkmontage.

Leupold Quick Release

Diese simple, aber sehr effektive Montage
stammt vom amerikanischen Zielfern-
rohrhersteller Leupold und ist durchaus
als eine eigenständige Montageart anzu-
sehen. Bei der Leopold Quick Release

wird das Prinzip der Festmontage mit der Möglichkeit des schnellen Auf- und Absetzens auf sehr funktionelle Art und Weise verbunden.

Die Quick-Release-Montage ist eine verriegelte Steckverbindung. Die Montage besteht aus zwei Unterteilen, die jeweils über eine Bohrung verfügen. Darin lassen sich die beiden mit Ringen bestückten Oberteile, die über genau passende Zapfen mit halbrunden Ausfräsungen an den Hinterseiten versehen sind, einsetzen. Die beiden Oberteile bilden, wenn sie mit dem Zielfernrohr verbunden sind, eine Einheit und können einfach von oben waagerecht mit den Zapfen in die Bohrungen der Basen eingeführt werden. Festgelegt wird das Zielfernrohr über die seitlich an den Fußplatten angebrachten Hebel. Werden diese Hebel bedient, schwenkt jeweils eine Welle in die Ausfräsung der Oberteilzapfen ein und die Verbindung ist hergestellt.

Auf jegliche Einstellmöglichkeiten über Support-Schrauben wurde verzichtet. Auch ein Toleranzausgleich in der Höhe ist nicht vorhanden.

Montage denkbar einfach

Die Montage der Leupold Quick Release ist kinderleicht. Die Unterteile werden mit dem System verschraubt und verklebt. Da die meisten Serienwaffen bereits über passende Bohrungen für eine Zielfernrohrmontage verfügen, bereitet dies kaum Probleme. Anschließend muss lediglich das Zielfernrohr in die Halbringe eingelegt und durch Aufsetzen und Verschrauben der oberen Ringhälften befestigt werden.

Für die meisten Repetier- und Selbstlade-

▲ **Für Kipplaufwaffen werden Hinterfüße verwendet, die in einer flachen Prismenplatte verriegeln. So ragen keine Montageteile in die Ziellinie.**

◀ **Die Leupold-Quick-Release-Montage ist eine relativ einfach aufgebaute Steckverbindung, funktioniert aber bestens.**

büchsen der großen Hersteller sind
Ausführungen der Leupold Quick Release
erhältlich. Für Kipplaufwaffen ist die
Montage nicht geeignet.

Blaser Sattelmontage

Mit der Sattelmontage hat die Waffen-
firma Blaser einen genial einfachen und
simpel aufgebauten Montagetyp geschaffen. An der Waffe selbst werden keinerlei Montageunterteile befestigt, sondern
lediglich vier kleine Ausfräsungen angebracht. Die Klauen der einteiligen Mont-
tagebrücke greifen in die halbrunden
Ausfräsungen des Hakenstücks ein und
werden anschließend dann über zwei
Schwenkhebel verriegelt.
Diese Schwenkhebel lassen sich anklap-
pen und stören so nicht beim Gebrauch
der Waffe. Auch ein unbeabsichtigtes
Lösen wird sicher verhindert, da die
Hebel erst ausgeklappt werden müssen,
bevor eine Drehbewegung möglich ist.
Die Blaser Sattelmontage ist schussfest
und verbaut sich sehr niedrig. Blaser-

> **Tipp**
>
> Viele Waffenhersteller wie Mauser,
> Blaser, Steyr oder Sauer bieten eigene
> Spezialmontagen an. Diese Montagen
> sind nicht nur genau auf die jeweilige
> Waffe abgestimmt, sondern meist auch
> preiswerter und einfacher zu montieren
> als die Fabrikate anderer Hersteller.

Waffen sind für sie vorbereitet. Büch-
senmacherarbeit ist – wenn nicht gerade
ein Glas mit Schiene montiert wird und
Löcher für die Querstifte gebohrt werden
müssen – nicht nötig.

Offene Visierungen

Eine Waffe, die über einen Kugellauf
verfügt, sollte auch mit einer offenen
Visierung ausgestattet sein. Heute wird
der Kugelschuss zwar überwiegend unter
Einsatz eines Zielfernrohrs abgegeben,
aber in bestimmten Situationen ist die

▶ **Bei der Sattel-
montage von Blaser
müssen keine
Montagebasen auf
der Waffe befestigt
werden.**

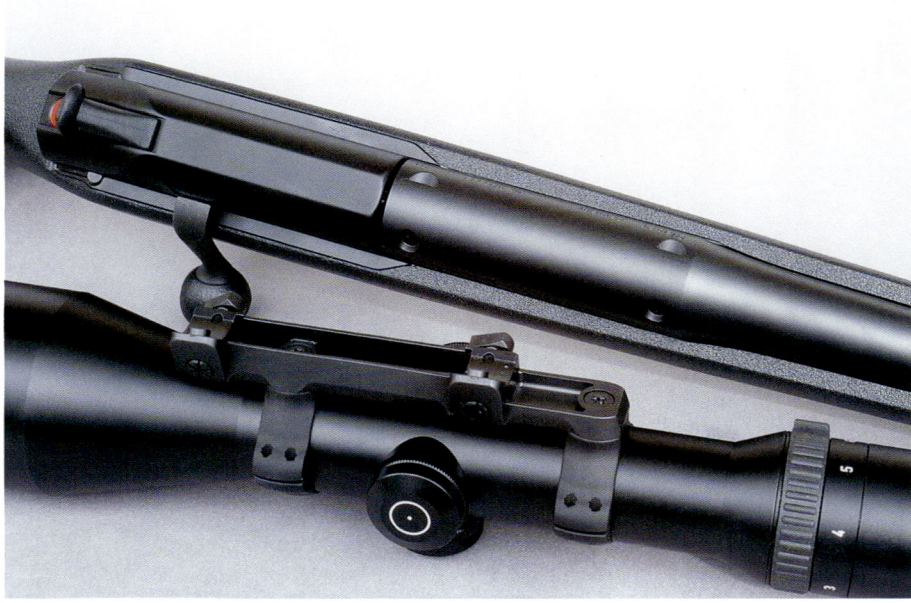

offene Visierung überlegen oder der Jäger muss auf sie zurückgreifen, weil die Zieloptik defekt ist. Das Zielfernrohr ist das empfindlichste Teil der Jagdwaffe, und wenn bei einem Sturz etwas zu Bruch geht, ist es meist die Optik.

Kimme und Korn

Nicht jedes Visier ist brauchbar, und für bestimmte Einsatzzwecke gibt es Formen, die besonders geeignet sind. Unterschiede ergeben sich grundsätzlich zwischen dem Präzisionsschuss und dem schnellen Schuss auf Kurzdistanzen. Je nach Einsatzzweck müssen Kimme und Korn speziell gestaltet werden.

Grobe Fluchtvisiere ...

Für Schüsse auf kurze Distanz wird ein grobes Fluchtvisier gebraucht, das möglichst wenig vom Ziel verdeckt, sich schnell zentrieren lässt und einen guten Kontrast auf dem Wildkörper bietet. Moderne Drückjagdkimmen haben die Form eines Hausdachs mit eingelegtem farbigem Dreieck, meist gelb oder rot. Dazu wird ein passendes rotes oder gelbes Leuchtkorn montiert. Diese Visierungen sind den alten englischen Expressvisieren in Schmetterlingsform überlegen, weil sie weniger vom Ziel verdecken.

... und feine Präzisionsvisiere

Für Schüsse auf größere Distanzen kommt es dagegen auf maximale Präzision an. Eine Visierung für den Präzisionsschuss fällt wesentlich feiner aus. Wichtig ist der richtige Abstand von der Kimme zum Auge des Schützen. Optimal sind etwa 40 cm – also in Leseentfernung. Bei einer kurz vor dem Auge angebrachten Kimme ist der Schütze gar nicht in der Lage, sie scharf zu sehen.

Kimme-und-Korn-Grundformen

Bei der Kimme finden sich als Grundformen die Dreieck-(V), die Rechteck- und die Halbrundkimme (U). Das Korn ist entweder als stumpfes (Rechteck) oder spitzes Balkenkorn (Dachkorn) oder als Perlkorn gestaltet. Diese Grundformen werden in der Regel wie folgt kombiniert:
– Dreieckkimme und Dachkorn
– Halbrundkimme und Perlkorn
– Rechteckkimme und stumpfes Balkenkorn
Außer diesen Grundformen gibt es noch eine ganze Menge Sonderformen, die aber wenig verbreitet sind und gegenüber genannten Kombinationen auch keine Vorteile haben.

Wenn die Kimme verschwimmt

Die meisten Zielfehler, die beim Schießen über Kimme und Korn auftreten, sind Höhenfehler. Die Ursache liegt

◀ Moderne Drückjagdvisierung: Die hausdachförmige Kimme mit Farbeinlage (oben) und das farbige Kunststoffleuchtkorn (unten) als ideale Ergänzung dazu heben sich gut sichtbar auf dem Wildkörper ab.

▶ Feine U- oder Rechteckkimmen sind für den präzisen Schuss gedacht.

darin, dass der Schütze die Kimme nicht mehr deutlich erkennt. Beim Zielen wechselt das Auge, ohne dass dies dem Schützen bewusst wird, dauernd die Entfernungseinstellung von Kimme über Korn, „akkommodieren" (lat.: anpassen) genannt.

Mit zunehmendem Alter lässt bei den meisten Menschen diese Akkommodationsfähigkeit des Auges nach, es kommt zu der typischen Weitsichtigkeit. Das Auge verliert für nahe Distanzen die Tiefenschärfe und die Kimme wird nicht mehr scharf zum Ziel und wieder zurück. Dieser Vorgang wird gesehen.

▼ Diopter erhöhen die Tiefenschärfe und erlauben ein sehr präzises Schießen. Links ein Schlagbolzendiopter, rechts ein Aufsteckdiopter für die ZF-Montage.

Diopter

Der vorstehend beschriebene Tiefenschärfeverlust des Auges lässt sich beheben, indem eine Blende vor das Auge gelegt wird. Die Tiefenschärfe wird dadurch wie bei einer Kamera wieder erhöht. Auf diesem Prinzip beruht die Wirkung eines Diopters. Bei Sportschützen ist das Diopter daher das beliebteste Zielhilfsmittel. Auch an Jagdwaffen sind Diopter sinnvoll und durchaus noch gebräuchlich. Großwildbüchsen haben oft sogenannte Schlagbolzendiopter, die sich bei Bedarf einfach hochschieben lassen und dann einen präzisen Schuss ermöglichen. Auch Dioptervisiere, die auf den Hinterfuß der Zielfernrohrmontage aufgesetzt werden, sind im Handel. Sie haben eine Höhen- und Seitenverstellung und erlauben ein sehr präzises Schießen. Die kompakten Visiere, die sich leicht immer mitführen lassen, bieten sich als Reservevisiere, die bei einem Defekt der Zieloptik zum Einsatz kommen, an.

Kugelmunition

Das Kaliber

Ein Universalkaliber für „alles Wild der Erde" gibt es nicht – auch wenn einige Munitionshersteller diese Tatsache nicht wahrhaben wollen. Wer also nicht eine ganz eng begrenzte Jagdgelegenheit hat, wird mit einem einzigen Kaliber nicht auskommen.

Grundsätzlich lassen sich die jagdlichen Kugelkaliber in vier große Gruppen einteilen:
– Schonzeit- und Raubwildkaliber
– Rehwildkaliber
– Hochwildkaliber
– Großwildkaliber

Dieses Raster ist natürlich sehr grob und zwischen diesen Kalibergruppen gibt es durchaus Überschneidungen. Mit den meisten Rehwildkalibern lässt sich auch Raubwild „hegen", und dass man mit einem Hochwildkaliber auch ein Reh schießen kann, ist auch klar. Ebenso lassen sich die meisten echten Großwildpatronen auch auf starkes Hochwild einsetzen.

Außerdem gibt es je nach Einsatzbereich innerhalb der Kalibergruppen noch bestimmte Patronengruppen, die sich speziell für den betreffenden Einsatzzweck anbieten. So braucht der Berg-oder Feldjäger rasante, flach schießende Patronen für weite Schüsse, während der Waldjäger sein Augenmerk eher auf die Geschossmasse und eine möglichst große Unempfindlichkeit gegenüber Flugbahnhindernissen richtet. Das Ganze klingt nicht nur ziemlich kompliziert – sondern ist es auch! Sicher ein Grund, warum so viele Waffen in den Gewehrschränken der Jäger stehen. Irgendwann im Jägerleben tut sich eine neue Jagdgelegenheit auf, und ein Blick in den Waffenschrank zeigt schnell, dass gerade dafür keine passende Waffe, sprich kein passendes Kaliber vorhanden ist. Und schon wird der Waffenpark wieder um ein Stück größer. Gerade das, was man gerade braucht, hat man ja meist nicht. Die Jagdwaffenindustrie freut es freilich, denn ihrem Umsatz tun diese „Engpässe" gut.

Sehen wir uns zunächst einmal einige der wichtigsten und gebräuchlichsten Patronen in den jeweiligen Kalibergruppen an.

Schonzeit- und Raubwildkaliber

Von den gängigen Kleinkalibern sind als Schonzeitpatronen die .22 lfB, .22 Magnum, .22 Hornet und .222 Remington besonders beliebt und die meistverwandten Kaliber.

.22 und .222

Die .22 lfB ist für starkes Raubwild wie Winterfüchse eindeutig zu schwach und nur zur Bejagung von Wildkaninchen und Tauben zu empfehlen. Außerdem ist ihre Windabdrift sehr groß und der Schütze muss die Entfernung sehr genau schätzen.

Die .22 Magnum bringt schon mehr Energie ins Ziel und ist für einen schweren Winterfuchs wohl die unterste Grenze. Sie ist aber auch noch sehr windempfindlich, und bei schlechtem Wetter

▼ Nur ein kleiner Ausschnitt aus dem breiten Kaliberspektrum – das „Universalkaliber" schlechthin gibt es nicht.

Tipp

Die .22 Hornet ist für Einstuckläufe ideal. Bereits rehwildtaugliche Patronen belasten den Verschluss – besonders bei Drillingen – stark, und alles unter der .22 Hornet ist für starkes Raubwild wie Fuchs oder Dachs zu schwach.

kann auch die Jagd mit dieser Patrone problematisch werden. Außerdem ist ihre Reichweite begrenzt.

Die .22 Hornet ist wohl die bestgeeignete Schonzeitpatrone. Sie ist einsetzbar bis etwa 130 m und bringt genügend Leistung, um auch schweres Raubwild sicher erlegen zu können.

Die bereits auf Rehwild zugelassene .222 Remington ist dagegen fast schon zu stark. Wer auch Kleinwild wie etwa Tauben erlegen will, muss bei der .222 Remington mit größerer Wildbretentwertung rechnen. Bei Knochentreffern kann dieses Kaliber auch schon mal einen Fuchsbalg übel zurichten. Außerdem ist die .222 nicht gerade leise. Beim Kauf einer Neuwaffe ist die kleine Zentralfeuerpatrone .22 Hornet die beste Wahl.

Spezialfall .17 Remington

Es gibt natürlich auch noch Spezialpatronen für Raubwildjäger, wie etwa die .17 Remington. Das 1,6 g schwere Geschoss dieser superschnellen Patrone bringt jeden Fuchs zur Strecke, ohne den Balg zu entwerten. Das kleine Geschoss zerlegt sich völlig und es ist keine größere Beschädigung vorhanden als der nadelstichfeine Einschuss dieser 4,5-mm-Patrone. Ein Balg entwertender Ausschuss entsteht nicht. Für Nutzwild, das für die Küche bestimmt ist, ist eine solche Waffe allerdings nicht zu gebrau-

chen, denn im Innern der beschossenen Stücke sieht es fürchterlich aus. Knochen werden pulverisiert und die Geschossreste finden sich überall im Wildkörper. Für den reinen Fuchsjäger ist die .17 Remington aber eine feine Sache. Alle genannten Kaliber lassen sich auch in Einstuckläufen verwenden, die, im Schrotlauf eingelegt, eine kombinierte Waffe universeller machen und die Balg schonende Erlegung von Raubwild beim Sauansitz ermöglichen.

Rehwildkaliber

Das Rehwild ist unsere häufigste Schalenwildart und in manchen Revieren auch die größte vorkommende Wildart. Besonders im Frühjahr zum Aufgang der Bockjagd wird ein Allround-Schalenwildkaliber auch kaum benötigt. Viele Jäger ziehen es daher vor, jetzt eine Waffe zu führen, die eine sogenannte „Rehwildpatrone" verschießt. Unter diesen „Spezialpatronen für unsere kleinste Schalenwildart" versteht man Munition in Kalibern zwischen 5,6 und 6,5 mm mit leichten Geschossen.

Warum Rehwildpatronen?

Die gesetzliche Regelung für den Schuss auf Rehwild ist recht großzügig ausgefallen: 1000 Joule auf 100 m dürfen nicht unterschritten werden. Da nach oben hin natürlich keine Grenze gesetzt ist, spricht doch eigentlich nichts dagegen, mit der gewohnten schweren Büchse im Hochwildkaliber auch Rehe zu schießen. Wozu also eine spezielle Waffe anschaffen? Das kann mehrere Gründe haben. Zunächst einmal lassen die kleinen Patronen den Bau sehr leichter und führiger Waffen zu und bekanntlich wächst der Rückstoß mit dem Geschossgewicht. Die kleinen Rehwildpatronen haben kaum

▶ **Klassische Rehwildkaliber: .222 Remington bis 6,5 x 57**

Rückstoß, was sich natürlich vorteilhaft auf die Schützenstreuung auswirkt. Außerdem ist die Eigenpräzision der kleinen Kaliber in der Regel sehr hoch, und in Verbindung mit der oft hohen Mündungsgeschwindigkeit ergibt sich eine gestreckte Flugbahn. Mit solchen Patronen, etwa der beliebten 5,6 x 50 Magnum, kann man schon mal etwas weiter „hinlangen", ohne gleich große Flugbahnberechnungen anstellen zu müssen, wenn es mal etwas weiter als 100 Schritt sind. Gerade beim Rehwild, das ja eine nicht sehr große Zielfläche bietet, ein nicht zu unterschätzender Vorteil.

Hindernisse, Wind und Wildbret
Ein Nachteil der kleinen, leichten Geschosse soll hier aber nicht verschwiegen werden: ihre ziemlich große Empfindlichkeit gegen Flugbahnhindernisse. Die schnellen, dünnmanteligen Geschosse zerlegen sich schon beim geringsten Hindernis in der Flugbahn, oftmals reicht hier schon ein Grashalm.

Hinsichtlich Windempfindlichkeit bestehen allerdings starke Unterschiede von Patrone zu Patrone. Während das doch relativ schwere 4,8-g-KS-Geschoss der rasanten 5,6 x 57 durch die gute Querschnittsbelastung und den hervorragenden Formwert sogar wesentlich weniger abdriftet als die meisten Hochwildpatronen, sind die leichten 3-g-Geschosse im Kaliberbereich 5,6 mm schon sehr anfällig gegen Seitenwind.

Als Argument für die kleinen Kaliber wird auch oft die geringere Wildbretentwertung angeführt, doch auch hier müssen differenzierte Aussagen zu den einzelnen Kalibern gemacht werden. Ab einer gewissen Zielgeschwindigkeit wird die Geschosswirkung schnell sehr brutal und kann die Zielwirkung der größeren, aber langsameren Kaliber übertreffen. Außerdem ist hier die Geschosskonstruktion maßgeblich. Es kann davon ausgegangen werden, dass bei Auftreffgeschwindigkeiten von über 650 m/s mit zum Teil starken Hämatomen im Wildkörper zu rechnen ist.

Sehen wir uns einmal einige gängige Rehwildpatronen mit ihren spezifischen Eigenschaften an.

.222 Remington

Die kleine US-Patrone fasste bei uns schnell Fuß, obwohl die Meinungen über ihre Tauglichkeit zur Rehwildbejagung auseinandergehen. Sie liegt gerade an der Grenze der gesetzlichen Mindestenergie. Bei der Schussentfernung sollte die 100-m-Distanz nicht überschritten werden. Das 3,2 g „schwere" Teilmantelgeschoss gibt nahezu seine ganze Energie im Wildkörper ab und oft ist kein Ausschuss vorhanden. Eine Nachsuche wird daher mangels Schweiß oft schwierig. Die Wildbretzerstörung und -entwertung ist dafür sehr gering. Zu empfehlen ist diese Patrone nur in der Hand bzw. Waffe eines besonnenen Schützen, der sie überlegt einsetzt.

.222 Remington Magnum und .223 Remington

Obwohl diese Patronen die .222 Remington um ein gutes Stück übertreffen und für Rehwild gut geeignet sind, haben sie bei uns bis heute keinen hohen Bekanntheitsgrad erlangt. Grund dafür ist die in

◀ Die .222 Remington ist das kleinste auf Rehwild zugelassene Kaliber, wird aber auch gern als Schonzeitpatrone verwendet.

der Leistung nahezu identische 5,6 x 50 (R). Wer allerdings eine Selbstladebüchse für die Rehwildbejagung bevorzugt, kommt um die .223 kaum herum, denn die meisten Modelle basieren auf abgewandelten Militärsystemen und hier ist die .223 Remington nun mal die Standardpatrone.

5,6 x 50 (R) Magnum

Das 3,24-g-Teilmantelgeschoss verlässt mit 1070 m/s den Lauf und liefert damit eine Mündungsenergie, die um ein Drittel höher liegt als die der .222 Remington. Fast jeder Waffenhersteller hat dieses Kaliber in seinem Programm, das als Gegenstück zur Hochwildpatrone 7 x 65 R angesehen wird. Die Stärke dieser Patrone liegt im großen Laborierungsangebot

> **Tipp**
>
> Ähnlich wie die Aspekte Windempfindlichkeit und Wildbretzerstörung ist die oft angeführte Preiswürdigkeit der Rehwildpatronen differenziert zu betrachten. Manche Kaliber, etwa 5,6 x 57, liegen sogar über dem Preisniveau mittlerer Standardpatronen, während eine .222 Remington gerade einmal die Hälfte kostet. Bei einer Strecke von drei oder vier Rehen, die der Durchschnittsjäger jährlich erlegt, spielt das aber wohl nur eine untergeordnete Rolle.

mit unterschiedlichen Geschossgewich-
ten. Sie ist eine ausgewogene „Mittel-
patrone", die genau zwischen den für
normale Verhältnisse meist überschnel-
len Patronen wie .220 Swift oder 5,6 x 57
und der schwachen .222 Remington
liegt. Praktiker bezeichnen sie als eine
„Rehwildpatrone für normale Verhältnisse", die sich auch noch als Schonzeitpatrone und als Sportpatrone für das
jagdliche Wettkampfschießen eignet.
Bei Schüssen auf die Blattschaufel mit
dem 3,2-g-Standardgeschoss kann die
Wildbretentwertung sehr stark sein.
Empfehlenswert ist der Schuss hinter
die Blattschaufel, der Rehwild schlagartig
verenden lässt, ohne wertvolles Wildbret
zu entwerten.
Neben dem 3,2-g-Standardgeschoss sind
auch 3,6 g und sogar 4,1 g schwere
Geschosse zu haben. Diese schweren
Geschosse und vor allem das 4,1-g-Ge-
schoss verhalten sich hinsichtlich Wildbretentwertung wesentlich „zahmer". Die
schweren Geschosse können jedoch bei
Waffen mit normalem Drall, der auf die
leichten Geschosse abgestimmt ist, Präzisionsprobleme haben. Viele Hersteller
bieten daher bereits wahlweise Waffen
mit kurzem und langem Drall an. Darauf
ist beim Waffenkauf unbedingt zu achten.

.22-250 Remington

Diese Patrone leistet noch geringfügig
mehr als die 5,6 x 50 Magnum und ist in
ihrem Heimatland USA eine beliebte
Varmint-Patrone für weite Distanzen.
Ihr großer Nachteil ist das geringe Angebot an Fabrikmunition, die zudem meist
mit dünnmanteligen Raubwildgeschos-
sen bestückt sind, die auf Rehwild nicht
zu empfehlen sind. In der gleichen Leis-
tungsklasse liegt auch die .224 Weatherby Magnum.

.220 Swift

Immer noch die schnellste Serienpatrone
der Welt, hat die .220 Swift als Rehwildpatrone in der Praxis nicht das gehalten,
was sich viele Jäger davon versprachen.
Ihre dünnmanteligen Geschosse sind
für die Varmint-Jagd konzipiert und als
Totalzerlegungsgeschoss aufgebaut. Die
Wirkung auf Rehwild ist daher oftmals
sehr brutal.

5,6 x 52 R

Diese als .22 Savage High Power einge-
führte Patrone feiert mittlerweile wieder
ein regelrechtes Comeback. Sie war lange
Zeit eine beliebte Rehwildpatrone und
geriet erst mit dem Aufkommen der
5,6 x 50 R Magnum etwas in Vergessen-
heit. Viele Praktiker schätzen die gute
Wirkung und die geringe Wildbretentwertung der 4,6 g schweren Geschosse. Ihre
E_{100} von etwa 1300 Joule scheint optimal
für die sichere und wildbretschonende
Erlegung von Rehwild zu sein.
Durch die weite Verbreitung der mün-
dungslangen Einsteckläufe, die von vielen
Herstellern auch im Kaliber 5,6 x 52 R
angeboten werden, ist die alte Patrone
wieder sehr beliebt geworden, obwohl
auch hier die Patronenauswahl nicht
sehr groß ist. Bei Wiederladern ist die
5,6 x 52 R allerdings eines der beliebtesten Rehwildkaliber.

5,6 x 57 (R)

In Österreich eine beliebte Gamspatro-
ne, sind die 5,6 x 57 und ihre Randver-
sion die stärksten 5,6-mm-Patronen,
was natürlich Vor- und Nachteile hat. Im
Feldrevier lässt sich die hohe Reichweite gut nutzen und es kann auf weit über
200 m ohne Haltepunktveränderung
geschossen werden. Noch auf 300 m
übertrifft die starke RWS-Patrone mit

1300 Joule die vom Gesetzgeber gefor-
derte Mindestauftreffenergie auf 100 m.
Die schweren 4,8-g-Geschosse sind wenig
windempfindlich und von ausgezeichne-
ter Wirkung.
Bei harten Treffern und kürzeren Schussentfernungen toben sich die Geschosse
aber im Wildkörper so richtig aus und
verursachen ausgeprägte Hämatome.
So manches Kitz ist hier schon auf den
Luderplatz gewandert, weil der Schütze
beim „Aus-der-Decke-Schlagen" kaum
noch verwertbare Teile fand.

.243 Winchester und 6 x 62 (R) Freres

Mit einem Geschossgewicht von 6 g
sind diese 6-mm-Patronen bei einer
Mündungsgeschwindigkeit von über
950 m/s weitreichende Reh- und – wo
erlaubt – auch Gamspatronen. Sie halten
auf über 200 m noch eine Auftreffenergie, die der Mündungsenergie einer mittleren 5,6-mm-Patrone entspricht. Wo sie
keiner Beschränkung unterliegen, werden
sie auch mit gutem Erfolg auf stärkeres
Schalenwild verschossen. Bei uns sind
sie, da ihr Geschossdurchmesser unter
6,5 mm liegt, nur als Rehwildpatrone
zugelassen. Im gleichen Einsatzbereich
liegt auch die .240 Weatherby Magnum.

6,5 x 57 (R)

Diese Patrone ist nicht nur die kleinste
bereits auf Hochwild zugelassene Patrone – abgesehen von einigen alten, nicht
mehr gängigen Kalibern –, sondern auch
eine der beliebtesten Rehwildpatronen.
Ihr Vorteil liegt zweifellos in ihrer Univer-
salität auf Reh- und Hochwild.
So gesehen kann sie eigentlich nicht
mehr zu den reinen Rehwildkalibern
gerechnet werden, doch so mancher
Revierbetreuer oder Berufsjäger, der

sich nur eine Büchse anschaffen will,
findet in der kleinen 6,5-mm-Patrone die
beste Lösung, wenn stärkeres Schalenwild als Rehwild relativ selten vorkommt.
Die doch schon recht starke 6,5 x 57
wäre zwar etwas deplatziert, wenn mit
ihr ausschließlich Rehwild geschossen
würde, doch in einem Revier, wo nur
ein- oder zweimal im Jahr eine durch-
wechselnde Sau gefährtet wird, immer
ein starkes Hochwildkaliber zu führen,
nur um auch diese Chance nutzen zu
können, wäre wohl noch ungünstiger.

„Die" Rehwildpatrone gibt es nicht

Damit wollen wir die Kaliberbetrachtung
abschließen. Es gibt sicher noch viele

▲ Für Rehwild-
kaliber lassen sich
zweifelsohne sehr
leichte und führige
Büchsen bauen.

> **Tipp**
>
> Rehwild ist sehr empfindlich, und schnell
> können unschöne Hämatome das Zer-
> wirken zu einem Marathon werden las-
> sen. Etwa dickere, aber langsamere Kali-
> ber sind hier oft wildbretschonender als
> rasante Rehwildpatronen. Mit z. B. der
> 7 x 57 kann Rehwild wildbretschonend
> bejagt werden und dazu ist die Patrone
> voll hochwildtauglich.

▶ Klassische Hoch-
wildkaliber, v. l. n. r.:
7 x 65 R, .30-06,
8 x 57 IS und
9,3 x 62. Die .30-06
und die 8 x 57 IS
sind mit bleifreien
Barnes-Geschossen
bestückt.

Patronen, die in den gleichen Leistungs-
klassen liegen, aber nicht so bekannt
sind. Die vorstehenden Ausführungen
und die Erläuterungen zu den verschiedenen Patronen zeigen, dass es „die"
Rehwildpatrone eigentlich nicht gibt.
Hinsichtlich des Tötungspotenzials und
der Wildbretentwertung sind immer
Kompromisse zu schließen.
Die Anforderungen können je nach Re-
vierverhältnissen sehr verschieden sein.
Auch die eigene Leistungsfähigkeit als
Schütze ist hier ausschlaggebend. Rasante
und hochpräzise Waffen-Patronen-Kombi-
nationen nützen nur demjenigen etwas,
der auch damit umzugehen versteht.
Von wesentlicher Bedeutung für die Wildbretentwertung ist in jedem Fall der Treffersitz. Bei Nahschüssen richten die
kleinen, schnellen Geschosse der sogenannten „Rehwildpatronen" mehr Schaden an als die hart aufgebauten dicken
Brummer der Hochwildpatronen. Letztere
erzeugen oft nur ein großes, sauberes
Loch im Wildkörper.

Hochwildkaliber

Soll die Büchse als „Universalwaffe"
geführt und nicht in absehbarer Zeit
durch eine – oder mehrere – Spezialwaf-
fen ergänzt werden, ist für unser heimi-
sches Wild wohl eines der mittleren
Schalenwildkaliber bestens geeignet. Da
Gewicht und Führigkeit der Waffe stark
von der Patrone beeinflusst werden und
kaum jemand gern immer eine großkalibrige, schwere Waffe herumschlep-
pen will, sind die sogenannten Magnum-
patronen nicht ideal. Sie sollten nur dann
gewählt werden, wenn man ihre Vorteile
auch nutzen kann.

7-mm-Kaliber bieten Vielfalt

Wichtig für den universellen Einsatz
einer Waffe ist eine Patrone mit möglichst vielen unterschiedlichen Laborierungen im Angebot. Hier sind die starken 7-mm-Kaliber wie 7 x 64 bzw.
7 x 65 R, 7-mm-Remington Magnum und
die .30er-Kaliber wie .30-06 und .300
Winchester Magnum bestens geeignet.

Magnum-Patronen

Rasante Magnum-Patronen haben nur dann Vorteile, wenn auch auf größere Distanzen geschossen wird. Bei Schussentfernungen bis 200 m sind sie unnötig und den Standardpatronen oft sogar unterlegen. Auf der Drückjagd ist eine Magnum-Patrone deshalb fehl am Platz.

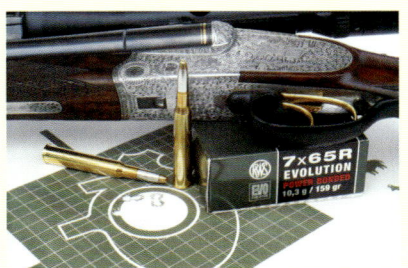

7-mm-Patronen sind sehr universell einsetzbar.

Am Beispiel der .30-06 ist gut zu sehen, dass diese Patrone fast alles abdeckt. Von der 8,1-g-Laborierung, die sich für weite Schüsse auf leichtes Wild (Reh, Gams, Raubwild) eignet, über eine Vielzahl von 11,6-g-Standardpatronen bis hin zur schweren 14,3-g-„Drückjagdpatrone" ist hier alles zu haben.

Wer überwiegend mit schwerem Hochwild und weiten Schüssen rechnen muss, wird die stärkere .300 Winchester Magnum oder die neue Kurzpatrone .300 WSM wählen, die die gleichen Geschosse verschießen. Die für diese Magnumpatrone eingerichteten Waffen sind natürlich schwerer und bei Nahschüssen ist die Wildbretzerstörung entsprechend höher.

Für gemischte Revierverhältnisse mit Sauen und Rotwild als Wechselwild reicht die .30-06 voll und ganz. Die .30 R Blaser ist die passende Randpatrone der 30er-Kaliberpalette.

Wichtig: Breites Laborierungsspektrum

Patronen, die ungefähr die gleiche Leistung erbringen wie etwa die 8 x 57 IS und die .30 R Blaser, sind in der Praxis natürlich um keinen Deut schlechter – nur ist hier die Laborierungsauswahl lange nicht so umfangreich. Dabei ist auch zu bedenken, dass nicht jede Patrone aus jeder Waffe gleich gut schießt. Auf eine große Zahl von Patronen in einem Kaliber zurückgreifen zu können, hat eine Menge Vorteile, wenn die „Bestlaborierung" für eine Büchse gesucht wird.

Hochwildkaliber und ihre Einsatzbereiche

7 x 57 (R) / 7 mm–08 Rem./ .308 Win.	Rehwild und leichtes Hochwild	Pirsch und Ansitz auf kurze und mittlere Entfernungen
6,5 x 65 (R) / 6.5 x 68 (R) / 7 x 64 (R) / .270 Win.	Rehwild und leichtes bis mittleres Hochwild	Pirsch und Ansitz auch auf größere Enrtfernungen
.30–06 / .30 R Blaser / 8 x 57 IS / 9,3 x 62 / 9,3 x 74 R	mittleres und schweres Hochwild	Pirsch und Ansitz auf Waldjagdentfernung und Drückjagden
.300 Win. Mag. / 8 x68 S / .300 WSM / .300 Weatherby	mittleres und schweres Hochwild	Ansitz und Pirsch auch auf größere Entfernungen
9,3 x 64 / .375 H&H	schweres Hochwild und Großwild	Ansitz und Pirsch auf kurze und mittlere Entfernungen

▶ **9,3-mm-Patronen wie 9,3 x 62 und 9,3 x 74 R werden gern bei Drückjagden geführt.**

Geschosswahl

Genauso wichtig wie die Wahl des Kalibers ist das richtige Geschoss. Unsere modernen, relativ schnellen Patronen verlangen nach Spezialgeschossen, um ihre Wirkung richtig zu entfalten. Ein ideales Geschoss für starkes und schwaches Wild gibt es nicht. Wer glaubt, mit einer überstarken Patrone für alles gerüstet zu sein, irrt gewaltig.

Besonders leichtes Wild, etwa Rotwildkälber, sorgen auf Drückjagden für viele Nachsuchen. Die hier oft eingesetzten großen Kaliber mit schweren und hart aufgebauten Geschossen zeigen bei dem geringen Zielwiderstand kaum Wirkung. Ein 19-g-TUG aus der 9,3 x 62 oder 9,3 x 64 fegt durch ein 25 kg leichtes Kalb glatt durch, ohne anzusprechen. Große Fluchtstrecken sind die Folge. Ein leichteres, weicheres Geschoss, etwa das 16-g-KS oder 15-g-PPC würde hier aus der gleichen Patrone wesentlich besser wirken. Die Geschossauswahl sollte weniger nach Hörensagen und Werbung vorgenommen werden, sondern vielmehr nach der Präzi-

sion, die die Patrone in der betreffenden Waffe erbringt. Ein präziser Treffer ist wirkungsvoller als ein Supergeschoss mit hoher Vo. Effektiver als das Studium der ballistischen Tabellen ist also die Fahrt zum Schießstand, um die für die eigene Büchse beste Laborierung zu finden. Wegen der Vielzahl der Patronen nachfolgend noch eine tabellarische Übersicht, in der die wichtigsten Hochwildpatronen mit ihren spezifischen Vorteilen aufgelistet sind.

Daneben gibt es natürlich noch eine Vielzahl ähnlicher Kaliber, die aber anhand ihrer Leistung leicht in die Übersicht eingeordnet werden können.

Großwildkaliber

Zu diesem Kaliberbereich können wir uns recht kurz fassen, denn hierunter fallen Patronen, mit denen sehr schweres oder wehrhaftes Wild auf kurze Distanz erlegt wird. Die meisten Jagdländer schreiben als Mindestgeschossdurchmesser für die Großwildjagd 9,5 mm (.375) vor, sodass der Kaliberbereich hier

◀ **Bei Großwild-patronen steht eine möglichst hohe Stoppkraft an erster Stelle.**

von der .375 Holland & Holland bis zur gewaltigen .700 Nitro Express reicht. Dazwischen liegt eine Unzahl von meist englischen und amerikanischen Spezial-patronen, die eines gemeinsam haben: Sie liefern jede Menge Mündungsenergie und Rückstoß.

„Präzision vor Power"

Die Jagd auf Großwild ist nicht ungefähr-lich und der erste Schuss sollte tödlich sein. Ist er es nicht, braucht der Jäger jetzt erst recht eine möglichst hohe Leis-tung, denn er muss den angreifenden Büffel oder Löwen nun mit einem Schuss stoppen. Bei den Großwildkalibern heißt die Devise also: Die beste Patrone ist das stärkste Kaliber, mit dem ich sauber schießen kann. Eine „Superpatrone" zu führen, bei der die Angst vor dem Rück-stoß keinen präzisen Schuss zulässt, bringt genauso wenig wie ein zu kleines Kaliber ohne Stoppkraft. Eine .600 Nitro „mittendrauf" bringt einen Elefanten noch lange nicht um, sie macht ihn höchstens wütend. Eine präzise angetra-

gene .375 Holland & Holland dagegen kann ihn durchaus an den Platz bannen. Im Zweifelsfall also „Präzision vor Power". Beliebt sind die 10-mm-Patronen, wie etwa die .404 Jeffery, .416 Rigby, .416 Remington, .425 Express oder .425 West-ley Richards. Sie verschießen ein 26 g schweres Geschoss mit etwa 700 m/s. Bei erträglichem Rückstoß reicht das aus, um auch schwerstes Großwild zu erlegen, und liefert mit fast 7 000 Joule Mündungsenergie eine gute Stoppkraft bei annehmendem Wild.

Kompromisse oder Spezialpatrone?

Die vorstehenden Ausführungen zeigen, dass es nicht schwierig ist, eine gute Patrone zu wählen, wenn die eigene Jagd-gelegenheit und damit der Einsatzbereich der Büchse genau bekannt sind. Soll dagegen ein möglichst großer Bereich mit einem Kaliber abgedeckt werden, müssen auch Kompromisse eingegangen werden. Wie schon am Anfang gesagt: Die „Universalpatrone" gibt es nicht.

▶ Eine kombinierte Waffe mit Kugellauf in einem Hochwildkaliber und Einstecklauf für eine Rehwildpatrone lässt sich das ganze Jahr über führen.

Legt man europäische Verhältnisse zugrunde, so ist eines der mittleren Hochwildkaliber aus dem .30er- oder 8-mm-Bereich sicher in der Lage, einen großen Einsatzbereich abzudecken. Vom Reh bis zum Elch kann damit alles erlegt werden. Natürlich muss man beim leichten Wild eine etwas größere Wildbretzerstörung und bei sehr schwerem Wild Fluchtstrecken oder fehlenden Ausschuss in Kauf nehmen. Schwierig wird es nur bei bestimmten Jagdarten wie etwa der Bergjagd, bei der sehr weite Schüsse vorkommen können.

Keine Kompromisse gibt es dagegen bei den Schonzeit- und Raubwildwaffen und den Großwildbüchsen. Bei den kleinen Kalibern wäre der Balg entwertet und bei den großen Brummern sind Kompromisse lebensgefährlich.

Bei kluger Wahl lässt sich also fast alles mit zwei oder drei Kugelkalibern bejagen und mancher Jäger führt seinen Drilling im Kugelkaliber 8 x 57 IRS mit Einstecklauf .22 Hornet das ganze Jahr über als einzige Waffe. Für einen besonnenen Schützen, der einen 200 m entfernten Bock auch mal laufen lassen kann, ist das kein Problem. Wer allerdings für jede Jagdgelegenheit optimal gerüstet sein will, sollte zunächst einmal in einen genügend großen Waffenschrank investieren. Spezialkaliber gibt es reichlich!

Jagdgeschosse

Seit der Erfindung der Feuerwaffen und dem Einsatz von Schusswaffen zu Jagdzwecken ist die Entwicklung der Geschos-

▶ Die Geschossentwicklung begann mit einfachen Teilmantelgeschossen. Sie werden heute noch bei den langsamen Kalibern und bei Drückjagd- und Großwildpatronen erfolgreich eingesetzt.

se nicht stehen geblieben. Waren es am Anfang noch richtige runde Kugeln aus Blei, die, in Stoff- oder Lederläppchen gewickelt, sogenannten Pflastern, aus Vorderladern verschossen wurden, wurde der Aufbau mit der Zeit immer komplizierter.

Entwicklungsgeschichte

Mit der Einführung der Metallpatronen und der Erfindung des Nitropulvers begann ein neues Zeitalter der Geschossentwicklung. Besaßen die ersten mit Schwarzpulver geladenen Patronen noch ein Langgeschoss aus Blei, musste man mit der Einführung des Nitropulvers umdenken. Das neue Pulver ließ wesentlich höhere Geschossgeschwindigkeiten zu und Bleigeschosse waren hier überfordert. Sie übersprangen die Züge, waren wenig präzise und nach wenigen Schüssen war der Lauf verbleit.

Ein Mantel muss her

Mittels Umhüllung der Geschosse mit Stoff oder Papier wurde versucht, das weiche Blei zu schützen, doch dies war nur bis zu einer gewissen Geschossgeschwindigkeit erfolgreich. Mit der Möglichkeit, höhere Geschwindigkeiten zu erreichen, wurden die Geschosskaliber aber immer kleiner und es begann die Suche nach Alternativen.

Tipp

In jüngerer Vergangenheit lagen Verbundkerngeschosse im Trend: Bei ihnen sind Bleikern und Mantel unlösbar miteinander verbunden. Bei guter Energieabgabe haben sie eine sehr hohe Tiefenwirkung. Fast alle Munitionshersteller haben heute ein Verbundkerngeschoss im Programm.

Folgerichtig wurden die weichen Bleigeschosse mit härterem Material ummantelt. Anfangs benutzte man dünnes Stahlblech, sogenanntes Flusseisen, das sich auch heute noch bei manchen Konstruktionen wie etwa den Brenneke-Konstruktionen TIG und TUG findet, dann ging man zu Messinglegierungen über.

Teilmantelgeschosse für die Jagd

Geschosse, die einen harten Außenmantel besitzen, können mit wesentlich höheren Geschwindigkeiten verfeuert werden. Die militärischen Mantelgeschosse besaßen eine geschlossene Spitze und waren für die Jagd wenig brauchbar, da sie das Ziel meist ohne große Zerstörungen durchschlugen und große Fluchtstrecken verursachten.

So begann bald die Entwicklung spezieller Jagdgeschosse, die so konstruiert waren, dass sie sich beim Auftreffen auf das Ziel verformten und viel Energie an den Wildkörper abgaben. Dazu wurde die Geschossspitze offen gelassen, sodass der weiche Bleikern frei lag. Diese einfachen Teilmantelgeschosse sind auch heute noch gebräuchlich und bei nicht zu hoher Geschossgeschwindigkeit, wie etwa die der meisten Großwildpatronen, auch völlig ausreichend.

Spezialgeschosse halten Einzug

Der Trend ging aber zu immer schnelleren und kleineren Kalibern und hier waren die einfachen Teilmantelgeschosse bald vollständig überfordert. Bei der hohen Zielgeschwindigkeit moderner Patronen war ihre Tiefenwirkung viel zu gering. Die Teilmantelgeschosse zerlegten sich beim Auftreffen auf den Wildkörper in kleine Stücke und erreichten die lebenswichtigen Organe erst gar nicht mehr. Mit dem Zeitalter der Hochgeschwindigkeitsmunition begann so auch eine intensive Entwicklung von Spezialgeschossen für die Jagd.

Jede Firma brachte bald eigene Konstruktionen heraus, die laufend verändert und ergänzt wurden. Jedes Jahr tauchten neue Geschosse auf und versprachen dem Jäger optimale Wirkung.

Bleifreie Geschosse

Wenige Jahre nach der Jahrtausendwende gerieten bleihaltige Büchsengeschosse in die Kritik. Auslöser hierfür war der Fund verendeter Seeadler, deren Tod auf Bleivergiftung infolge der Aufnahme dieses Schwermetalls mit den Aufbrüchen erlegten Wildes zurückgeführt wurde.

Die bis heute anhaltende Diskussion und die Forderung nach vollständig bleifreien Projektilen dürfte eine Zäsur in der Entwicklung von Jagdgeschossen bedeuten. Kommende Jagdgesetznovellierungen werden in absehbarer Zeit vermutlich ein Verbot bleihaltiger Geschosse beinhalten. Viele Jagdrechtsinhaber und Jagdleiter haben Büchsengeschosse mit Bleikern schon heute aus ihren Wäldern verbannt. Wer dort jagen will, muss wohl oder übel zu Alternativen greifen.

Bleifrei altbekannt

Bleifreie Büchsengeschosse sind nichts Neues. Für bestimmte Zwecke wurden sie schon vor vielen Jahren entwickelt. An Schadstoffvermeidung hatte dabei aber niemand gedacht. Grund war vielmehr, eine gegenüber den Mantel-Kern-Konstruktionen gesteigerte Tiefenwirkung zu erzielen. Monolithische Messing- oder Kupfergeschosse verlieren beim Auftreffen auf den Wildkörper kaum Masse und haben eine hohe Durchschlagskraft.

Materialzusammensetzung

Vollgeschosse bestehen entweder aus Kupfer oder aus einer Legierung von Kupfer und Zink. Ist bei dieser Legierung der Kupferanteil unter 80 %, wird diese Legierung Messing genannt, liegt er über 80 %, heißt das Gemisch Tombak.

Das Mischungsverhältnis allein sagt aber noch nicht viel aus, denn der für die Geschosswirkung und für das innenballistische Verhalten wichtige Härtegrad lässt sich über weitere Zusätze und auch über eine Oberflächenbehandlung des fertigen Geschosses steuern. Hier hat jede Firma ihr eigenes Rezept und macht meist ein Geheimnis daraus.

▶ Bleifreien Geschossen gehört vermutlich die Zukunft.

  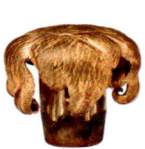  

Fertigungstechniken

Lange Zeit war die Fertigung auf CNC-gesteuerten Drehautomaten die einzige Möglichkeit, homogene Geschosse herzustellen. Dieses Verfahren hat den Vorteil, dass Veränderungen an der Form sehr einfach vorgenommen werden können und sich auch Kleinserien herstellen lassen. Preiswert war es früher aber nicht. Heute sind die Werkzeugkosten für Drehautomaten gesunken, sodass Massivgeschosse darauf wesentlich preiswerter produziert werden können.

Mittlerweile gibt es aber auch die Möglichkeit, Massivgeschosse im Pressverfahren herzustellen. Das ist für die Großserienfertigung wesentlich günstiger und man kommt in den Preisbereich von herkömmlichen Mantelgeschossen. Heute werden daher die meisten bleifreien Geschosse gepresst.

Um hohe Gasdrücke zu vermeiden, fertigen die Hersteller die Geschosse entweder etwas untermaßig oder arbeiten mit schmalen Führungsbändern. Mit ihrer Hilfe wird die Geschossoberfläche, die mit dem Lauf in Berührung kommt, verringert und so der Gasdruck gemindert. Hier hat jeder Hersteller eine eigene Theorie, und nicht selten wird auch eine Mischbauweise aus leicht reduziertem Geschossdurchmesser plus Führungsbändern verwendet. Dem Anwender kann dies egal sein, solange es funktioniert.

Geschossgruppen wie gehabt

Wie bei den Mantelgeschossen teilen sich auch die Massivgeschosse wirkungsmäßig in die beiden großen Gruppen „Zerlegungsgeschosse" und „Deformationsgeschosse" auf. Bei den Vertretern der ersten Gruppe, etwa dem KJG, dem Kieferle oder dem GPA, zerlegt sich das vordere Geschossteil in Splitter, die Ver-treter der zweiten, z. B. das Barnes TSX, das Hornady GMX oder das Lapua Naturalis, deformieren unter Vergrößerung des Geschossquerschnitts und fast ohne Masseverlust.

Hier ist die Philosophie der Hersteller unterschiedlich. Einige setzen auf die hohe Energieabgabe und die große Wundhöhle eines Deformationsgeschosses, die anderen bevorzugen die Sekundärwirkung der Geschosssplitter und die höhere Durchschlagsleistung eines Teilzerlegungsgeschosses. Das kennen wir schon von den Mantelgeschossen.

Mit Zinnkern

Brenneke ging dann einen anderen Weg und fertigte herkömmliche Kern-und-Mantel-Geschosse, bei denen für den Kern anstelle von Blei jetzt Zinn verwendet wurde. Auch RWS entdeckte diese Variante bei dem neuen Evolution Green.

Breites Angebot

Das Angebot an Munition mit bleifreien Geschossen ist in Deutschland heute sehr gut. Die vielen neuen Geschosse der letzten Jahre zeigen, dass die Munitionsindustrie dieses Thema sehr ernst nimmt. Blei scheint ein Auslaufmodell zu sein. Je nach Einsatzzweck können passende Geschosse gewählt werden. Bei Drückjagdentfernungen sind schnell expandierende oder sich teilweise zerlegende Konstruktionen wie Brenneke Nature oder RWS Evo Green eine gute Wahl, während bei der Jagd auf schweres Wild und bei größeren Schussdistanzen die Konstruktionen mit hohem Restgewicht und guter Außenballistik in ihrem Element sind: z. B. die Barnes-Geschosse, Hornady GMX, Nosler E-Tip oder auch Remington Copper Solid.

Hinsichtlich Präzision brauchen sich die

Geschosstypen für Jagdbüchsenpatronen

Bezeichnung	Konstruktion	Wirkung und Eignung
TIG	Brenneke-Konstruktion mit zweiteiligem Bleikern	Vorderteil deformiert unter Splitterabgabe, Hinterteil bringt Ausschuss
TUG	Brenneke-Konstruktion mit zweiteiligem Bleikern	Wirkung wie TIG, aber härterer Aufbau für starkes Wild
PPC	Deformationsgeschoss mit abgestuftem Mantelaufbau	kontrollierte Deformation, weicher als Oryx und geringere Tiefenwirkung
Oryx	Deformationsgeschoss mit abgestuftem Mantelaufbau und verlötetem Bleikern	durch den verlöteten Kern noch weniger Masseverlust und bessere Tiefenwirkung als beim PPC
H-Mantel	Splittergeschoss, zerlegt sich bis zur H-Rille, Rest bringt Ausschuss	gute Wirkung bei mittelstarkem Wild, kleine Ausschüsse mit wenig Schweiß, empfindlich gegen Hindernisse
KS	Dormationsgeschoss mit abgestuftem Mantelaufbau	universell einsetzbar, sehr guter Formwert und damit für Weitschüsse geeignet
Doppelkern	Teilzerlegungsgeschoss mit abgestuftem Mantelaufbau	universell einsetzbar für mittleres Wild, gute Augenblickswirkung
Evolution	Verbundkerngeschoss	massestabiles Deformationsgeschoss, universell einsetzbar, hohe Tiefenwirkung
TMR (Teilmantel-Rundkopf)	Mantelgeschoss mit freiliegender Bleispitze	je nach Manteldicke frühes Ansprechen und Deformation unter Splitterabgabe, geeignet für Großwild und Drückjagd
Nosler Partition	zweiteiliger Aufbau mit massivem Mittelsteg	Vorderteil deformiert kontrolliert bis zur Trennwand, meist Ausschuss durch das hohe Restgewicht, für starkes Wild geeignet

Geschosstypen für Jagdbüchsenpatronen

Bezeichnung	Konstruktion	Wirkung und Eignung
Swift-A-Frame	Zweikammergeschoss ähnlich dem Partition mit massivem Mittelsteg	Vorderteil deformiert bis zum Mittelsteg, durch das hohe Restgewicht gute Tiefenwirkung
Mega	abgestufter Mantelaufbau mit Deformationsstopp und festgelegtem Bleikern im Heck	kontrolliertes Aufpilzen, wenig Masseverlust, unempfindlich gegen Hindernisse, gutes Drückjagdgeschoss
Mira	Aufbau wie Mega, aber langgezogene Geschossspitze	für Weitschüsse gedacht, spricht etwas später an als das Mega
Hammerhead	abgestufter Mantelaufbau mit abgeflachter Geschossspitze	spricht schnell an und deformiert stark, gutes Drückjagdgeschoss
Lapua Naturalis	im Pressverfahren hergestelltes Vollgeschoss mit axialer Bohrung und eingesetzter Kunststoffspitze	kontrollierte Deformation ohne Masseverlust. Der Kunststoffeinsatz in der Hohlspitze dient als Deformationsstarter und verbessert die Außenballistik
Ballistik-Tip	Teilmantelgeschoss mit eingesetzter Plastikspitze und starkem Bodenteil	Präzisionsgeschoss für große Entfernungen, spricht schnell an, hat aber wegen starken Bodens gute Tiefenwirkung, leichtes bis mittleres Wild
Solids	Vollgeschoss aus Messing, zusätzlich verkupfert und vernickelt	extreme Tiefenwirkung, keine Deformation, für Großwildpatronen
Scheibengeschoss	dünner, tombakplattierter Stahlmantel mit Hohlspitze	Zerlegungsgeschoss, keine Tiefenwirkung, nicht für Schalenwild geeignet
Interlock	Deformationsgeschoss mit einförmiger Mantelverstärkung, die Trennung von Kern und Mantel verhindern	gute Tiefenwirkung und hohes Restgewicht, für Weitschüsse und stärkeres Wild geeignet
Barnes X-Bullet	Vollgeschoss aus Kupfer mit axialer Bohrung bis zur Mitte und innenliegenden Rillen	kontrollierte Deformation ohne Masseverlust, hohe Tiefenwirkung und fast immer Ausschuss, für starkes Wild

▲ „Treffen ist das beste Geschoss". Sitz der Schuss im Leben, ist die Geschosskonstruktion Nebensache.

„Bleifreien" vor ihren bleihaltigen Kollegen nicht zu verstecken und die Wirkung auf Wild ist bei den modernen Geschossen ebenfalls sehr gut.

Die Qual der Geschosswahl

Ein wirkliches Universalgeschoss für jede Entfernung und alle Wildarten gibt es aber immer noch nicht und vermutlich wird es ein solches Geschoss auch nie geben. Dazu sind die Anforderungen der Jagdpraxis einfach zu unterschiedlich. Viele Jäger stehen zu Recht ziemlich ratlos vor dem riesigen Munitionsangebot und die Wahl der richtigen Patrone wird zum Problem. In den Tabellen werden die gebräuchlichsten Geschosskonstruktionen vorgestellt und in ihrer Wirkung auf das Wild kurz beschrieben.

Kriterien Wildstärke und Schussentfernung

Es gibt sicher noch eine Vielzahl anderer Geschosse und es werden laufend neue entwickelt. Wichtig für den Jäger bei der Geschosswahl sind die zu erwartende Wildstärke und die Schussdistanz.

Sind die beiden Kriterien abzuschätzen, ist es relativ einfach, ein gut wirkendes Geschoss auszuwählen.

Wer also ausschließlich Rehwild im Wald bejagt, hat es einfach. Er wird ein Geschoss wählen, das auch auf kurze Entfernung nicht zu brutal wirkt und zugleich möglichst unempfindlich gegenüber Flugbahnhindernissen ist. Der Formwert interessiert hier weniger, da Weitschüsse nicht vorkommen.

Schwieriger wird es schon bei einem Feld-Wald-Revier. Hier müssen Kompromisse geschlossen werden. Ebenso ist Kompromissbereitschaft notwendig, wenn mehrere Wildarten mit unterschiedlichem Gewicht, also etwa Rehwild und Schwarzwild, mit ein und derselben Waffe bejagt werden.

Der Schütze ist wichtiger als das Geschoss

Nach wie vor gilt: „Treffen ist das beste Geschoss." Die Geschosskonstruktion hat zwar einen Einfluss auf die Wirkung des Büchsenschusses, doch weitaus wichtiger als ein hochmodernes Supergeschoss ist dessen präziser Sitz. Trifft der Schuss an der richtigen Stelle, ist die Konstruktion des Geschosses zweitrangig, solange es nur bis in die Kammer vorzudringen vermag.

Erst bei schlechten Schüssen kann ein genau auf den Zielwiderstand abgestimmtes und kontrolliert deformierendes Geschoss Vorteile haben. Wer auf riskante Schüsse verzichtet, eine präzise Büchse besitzt und damit umzugehen weiß, wird sich über schlechte Schusswirkung keine Gedanken machen müssen, egal mit welchem Geschoss er schießt!

Schießtraining ist also wichtiger als schlaflose Nächte wegen des Projektils!

Flinten- und Kurzwaffenmunition

Schrotpatronen

Wenn vor Aufgang der Niederwildjagd
der Patronenvorrat für die kommende
Saison angeschafft wird, kommt alljähr-
lich wieder die Frage nach der „optimalen
Patrone" auf.

Stärke und Ladung

Bei der Wahl der Schrotgröße hat es sich
mittlerweile herumgesprochen, dass
Deckung vor Durchschlagskraft geht, und
nur noch wenige Unbelehrbare füllen
den Patronenbeutel mit grobem Schrot.
Als Universalgröße 2,7 mm und 3 mm
oder höchstens 3,2 mm für die Hasen-
jagden reicht völlig aus. Selbst die oft
zitierten und als besonders schussfest
angesprochenen „Hasen im nassen Balg"
kommen auf waidgerechte Distanz von
35 m mit der 3 mm oder 3,2 mm sicher
zur Strecke.

Wie viel Schrote müssen es sein?

Bezüglich des Gewichts der Vorlage
herrscht aber vielfach noch Unsicher-
heit. „Mehr Schrote bringen eine bessere
Deckung – damit kann ich weiter schießen und eine schwere Vorlage tötet siche-

rer", ist oft zu hören. Doch stimmt das
wirklich?

Wasser auf die Mühlen der Liebhaber
schwerer Ladungen gießt auch noch die
Munitionsindustrie, die Magnum- oder
Semi-Magnum-Patronen mit hohem
Ladungsgewicht anbietet. Eine 12er-
Patrone mit über 40 g Vorlage – bis zu
52 g sind hier möglich – erscheint auf den
ersten Blick ein wirkungsvolles Mittel,
um die Strecke zu vergrößern. Besonders die weniger erfolgreichen Schützen
sehen hier ein Heilmittel gegen schlechte
Schüsse. Wenig beachtet werden aber
die Nachteile solcher schweren Vorlagen. Sieht man die Sache von der ballistischen Seite, wird schnell klar, dass eine
überschwere Schrotladung kaum die
Mündungsgeschwindigkeit der Normal-
ladung erreichen kann – zumindest nicht
unterhalb des vorgeschriebenen Höchst-
gasdrucks.

Entweder wird also der Gasdruck überschritten, wodurch diese Patronen dann
mit dem Aufdruck „Magnum" gekenn-
zeichnet werden müssen und nur in
verstärkt beschossenen Waffen verwendet
werden dürfen, oder aber die Mündungsgeschwindigkeit ist deutlich geringer.

▶ Schrotpatronen
gibt es in großer
Auswahl und in
vielen verschiedenen
Ausführungen.

Hohe Schrot-
vorlagen und
HV-Laborierungen
haben auch ge-
waltige Nachteile.
Der Rückstoß steigt
dadurch erheblich.

Das bedeutet aber, dass natürlich auch die Durchschlagskraft der Schrotgarbe und deren wirksame Reichweite sinken. Der Schuss geht also quasi nach hinten los: Durch die schwere Schrotladung erhöht sich die Reichweite nicht, sondern sie sinkt im Gegenteil sogar aufgrund der geringeren Mündungsgeschwindigkeit. Wer mit schweren Ladungen weit schießen will, braucht also eine stabile Flinte mit verstärktem Beschuss und sollte Magnum-Laborierungen verschießen, die entsprechend schnell sind.

Tipp

Schwere Schrotladungen sind langsamer als leichte. Wer auf dem Schießstand mit leichten, schnellen Patronen übt, darf sich nicht wundern, wenn er im Revier mit der schweren Ladung plötzlich nichts mehr trifft – das antrainierte Vorhalte-maß passt jetzt nicht mehr! Der Schütze schießt das Wild zwangsläufig hinten vorbei.

Weniger ist mehr

Ob sich seine Trefferquote damit aber steigert, ist eine ganz andere Sache. Eine Flinte, die schwere Ladungen mit hoher Geschwindigkeit verschießt, ist entweder fürchterlich schwer, oder sie hat einen horrenden Rückstoß, wenn sie lediglich Normalgewicht aufweist. Beides ist nicht gerade optimal, um schnell und flüssig zu schießen. Solche Flinten lassen sich allenfalls zu Spezialzwecken, wie dem Ansitz auf Gänse, einsetzen. Schnelle Flugziele damit sicher zu treffen, ist kaum möglich. Für die Hasen-jagd sind sie vollkommen überflüssig. Ein Blick zum Flintenland England zeigt, dass dort fast ausschließlich mit Ein-Unzen-Ladungen, also 28-g-Schrot-vorlage, geschossen wird. Nun mögen besonders die Schotten sparsam sein, doch geizt man dort nicht mit Schrot, sondern folgt der Erkenntnis, dass sich mit diesen Vorlagen sicher und komforta-bel jagen lässt. Und englische Fasane flie-gen sicher nicht niedriger als deutsche.

Jagdlich wünschenswert ist eine gleichmäßige Garbe, die Vermeidung von Klumpenbildung, eine gute Verteilung und ausreichende Deckung. Besonders die ausreichende Deckung hängt von der Anzahl der Schrote ab, die zur Verfügung stehen. Wurde lange Zeit im Kaliber 12 die 36-g-Vorlage als Standardladung für die Jagd angesehen, so sind sich erfahrene Jäger einig, dass der ideale Bereich noch darunterliegt.

Angstfrei schießen zählt

Ausschlaggebend ist hier das Gewicht der Flinte. Wer auch bei höheren Schusszahlen gleichmäßig treffen will, darf sich keineswegs über die Patrone zu viel Rückstoß „einkaufen". Der leicht hingeworfene Schuss ohne Angst vor dem Rückstoß ist mit Sicherheit treffsicherer, als wenn der Schütze mit Respekt vor dem harten Kick jedes Mal den Schaft bewusst stark in die Schulter zieht. Unverkrampftes Schießen ist so kaum möglich.

Schrotmenge

Steuern lässt sich die Anzahl der Schrote leicht über die Korngröße. Eine schwere 40-g-Vorlage enthält 158 Schrote der Größe 3,5 mm. Gehen wir nur eine Schrotgröße herunter, also auf 3,2 mm, was bezüglich der Reichweite kaum ins Gewicht fällt, so reichen jetzt 32 g, um auf 158 Schrote zu kommen. Wird eine leichte Flinte geschossen und eine weich schießende 28-g-Patrone bevorzugt, so stehen sogar 176 Schrote zur Verfügung, wenn die nächstgeringere Schrotgröße 3 mm gewählt wird. Es genügt also die Reduzierung der Schrotgröße um eine Nummer und schon hat man die gleiche Deckung mit einer erheblich geringeren Vorlage bei nur geringfügig verringerter Reichweite.

Die Vorteile liegen auf der Hand: geringerer Rückstoß und eine hohe Mündungsgeschwindigkeit. Außerdem wird die Flinte weitaus weniger belastet, das Wild bei Nahschüssen nicht zerschossen und entwertet, und der Patronenpreis ist deutlich geringer.

Reichweite

Die wirksame Reichweite einer Schrotpatrone ist in erster Linie abhängig von der Chokebohrung des Flintenlaufs. Hier wird die Ausdehnung der Garbe gesteuert. Es ist klar, dass bei Weitschüssen auch genügend Deckung und Durchschlagskraft vorhanden sein müssen, um eine hohe Tötungswirkung zu erzielen. Ebenso unzweifelhaft ist aber, dass eine Schrotgarbe nur bis etwa 45 m steuerbar ist. Darüber hinaus ist kein gezieltes Treffen mehr möglich, sondern nur noch „Glückstreffer".

Schrotkörner von 3 mm, maximal 3,2 mm Durchmesser reichen bis gut 40 m vollkommen aus, um eine ausreichende Tötungswirkung auf Niederwild zu erzielen, und eine ausreichende Deckung ist bei einer Vorlage von 30 bis 32 g (190 bis 205 Körner) auch vorhanden. Es besteht also keine Veranlassung, überschwere Ladungen von 40 g oder noch mehr zu verschießen und die Nachteile wie eine schwere Flinte, hohen Rückstoß und teure Patronen in Kauf zu nehmen. Selbst die „Standardladung" von 36 g ist unnötig schwer. Der optimale Bereich liegt zwischen 28 und 32 g. Nur für Spezialzwecke, wie etwa den Ansitz auf Fuchs und Dachs, sind schwerere Ladungen sinnvoll, die dann allerdings auch die nötige Geschwindigkeit haben müssen. Der größere Rückstoß muss dann in Kauf genommen werden, dürfte bei einem Einzelschuss aber kein Problem sein.

◀ Das Zwischen-
mittel einer Schrot-
patrone besteht ent-
weder aus einem
Plastikschrotbecher
oder einem Fettfilz-
pfropfen. Streu-
patronen haben ein
Streukreuz, das
beim Durchgang
durch die Choke-
bohrung die Garbe
verwirbelt und so die
Streuung erhöht.

Zwischenmittel

Das Zwischenmittel sitzt in einer Schrotpatrone zwischen Vorlage und Pulver-
ladung. Seine Aufgaben sind vielfältig.
Es soll ein Vermischen dieser beiden
Komponenten vermeiden, die Schrotladung vor Hitzeeinwirkung durch die
Treibgase verbrennenden Pulvers schützen und bei der Schussentwicklung den
Lauf so abdichten, dass keine Pulvergase
an der Ladung vorbeigelangen.

Wichtiges Qualitätsmerkmal

Die Qualität einer Schrotpatrone und
auch ihr Anwendungsbereich sind
wesentlich von Qualität und Beschaffenheit des Zwischenmittels abhängig. Wird
beim Zwischenmittel gespart, kann dies
böse Folgen haben.
Bei einem schlechten Zwischenmittel
entsteht Gasschlupf zwischen Laufwand
und Zwischenmittel, was einen Druck-
verlust zur Folge hat. Dass sich damit die
Geschwindigkeit und auch die Auftreffenergie ändern, dürfte klar sein. Gerade bei einer Jagdpatrone, die eine hohe

Auftreffenergie braucht, um eine gute
Tötungswirkung zu haben, ist dies
fatal.

*Vorsicht bei „aufgefrischten"
Läufen!*

Der gleiche Effekt entsteht auch, wenn
korrodierte Flintenläufe innen ausge-
schliffen werden, um sie optisch aufzu-
frischen. Der Innendurchmesser wird
größer und das Zwischenmittel dichtet
nicht mehr richtig ab.
Beim Kauf einer gebrauchten, alten Flinte, deren Läufe innen „verdächtig neu"
ausschauen, sollte auf jeden Fall vom
Fachmann der genaue Laufdurchmes-
ser ermittelt werden. Die Tötungswirkung solcher aufgefrischten Flintenläufe
ist meist miserabel. Außerdem führen die
am Zwischenmittel vorbeistreichenden
heißen Pulvergase oft zur Klumpenbildung in der Schrotladung, was sich nicht
nur negativ im Deckungsbild auswirkt,
sondern auch die Reichweite der Schrotladung erhöhen kann, denn geklumpte
Schrote fliegen viel weiter als ein einzel-

nes Schrotkorn und haben eine höhere Energie. Bei der Flugwildjagd kann dies übel ausgehen.

Neben den qualitativen Auswirkungen lässt sich über das Zwischenmittel aber auch das Streuverhalten der Flinte in nicht unerheblichem Maß steuern – oft sogar besser als durch eine Chokenummer mehr oder weniger. Hier hat der Jäger oder Wurftaubenschütze die Möglichkeit, mit einer Flinte verschiedene Einsatzgebiete abzudecken, wenn nur die richtigen Patronen geschossen werden.

Filzpfropfen

Das älteste Zwischenmittel ist der gefettete Filzpfropfen. Er wird auch heute noch von vielen Jägern favorisiert und leistet, wenn er aus hochwertigem gefettetem Haarfilz gefertigt wird, auch Hervorragendes.

Fettfilzpfropfen haben den Vorteil, dass sich nach jedem Schuss der Flintenlauf praktisch selbst reinigt. Durch diesen „Wischeffekt" fällt das Säubern der Läufe nach großen Serien wesentlich leichter. Zudem schießen sich Fettfilzpfropfen-Ladungen in der Regel sehr weich. Ihr Hauptvorteil ist aber, dass sie die Choke-

> ▼ **Schrotpatronen mit Vorlage aus Wismut stehen Bleischroten in der Reichweite kaum nach und lassen sich aus allen Flinten und Chokebohrungen verschießen.**

> **Tipp**
>
> Das Streuverhalten der eigenen Flinte muss mit verschiedenen Patronen auf der Anschussscheibe ausprobiert werden. Auf die angegebene Chokebohrung kann man sich nicht verlassen. Je nach Patrone sind Streuverhalten und Deckungsbild unterschiedlich.

bohrung der Flinte voll zum Tragen bringen, was bei Becherladungen nicht immer der Fall ist.

Einziger Nachteil der Pfropfenladungen ist, dass die äußeren, ungeschützten Schrote beim Durchgang durch den Lauf an der Wandung quasi abgeschliffen werden. Diese verformten Schrote sind auf der Anschussscheibe dann Ausreißer und stehen dem eigentlichen Deckungsbild nicht mehr zur Verfügung.

Becherpfropfen

Der größte Teil der heute angebotenen Schrotpatronen ist mit einem Schrotkorb oder Becherpfropfen ausgestattet. Durch den Schrotkorb wird die Garbe länger zusammengehalten, sodass sich die Becherladungen eher für Weitschusszwecke eignen. Dies kann aber auch zum Nachteil werden, da die Wirkung der Chokebohrung teilweise aufgehoben wird und die offen gebohrte Kaninchenflinte mit einer Becherladung plötzlich viel enger schießt. Es kann vorkommen, dass ein 1/4-Chokelauf mit Trap-Patronen so eng schießt wie ein 3/4-gechokter.

Streukreuz

Der umgekehrte Fall lässt sich durch ein sogenanntes Streukreuz erreichen. Ein Plastikkreuz, das sich in der Vorlage befindet, bewirkt eine Verwirbelung der

Schrotgarbe und erhöht damit die Streuung erheblich. Die Streuung wird dabei umso größer, je enger die Flinte gebohrt ist, denn umso mehr wird das Streukreuz zusammengedrückt. Hier kehrt sich jetzt die eigentlich beabsichtigte Wirkung der Chokebohrung ins Gegenteil um.

Da wegen der Raumbeanspruchung durch das Streukreuz nur eine geringere Schrotmenge verladen werden kann, schießen sich Streupatronen weicher als Normalpatronen. Ihre wirksame Reichweite ist wesentlich geringer. Mit Streupatronen sollte nicht weiter als 25 m geschossen werden, sonst kommt es unweigerlich zum Krankschießen. Durch die größere Streuung der Schrotgarbe verschlechtert sich ja die Deckung, und um Wild sicher zu erlegen, ist eine Mindestzahl von Treffern erforderlich, da eine Schockwirkung, die ja beim Schrotschuss zum Verenden des Wildes führt, nur ausgelöst wird, wenn eine größere Anzahl Schrote gleichzeitig auftrifft. Durch Schrotpatronen mit Streukreuz lässt sich die eng gebohrte Jagdflinte oder Trap-Flinte zum Frettieren oder zum Skeet-Schießen verwenden.

Bleifreie Schrotpatronen

Umweltschonend und bei der Wasserjagd schon in vielen Bundesländern vorgeschrieben sind bleifreie Schrotpatronen. Hier gibt es mittlerweile eine gute Auswahl und der Jäger kann zwischen Weicheisen, Zink, Wismut und Thungsten wählen.

Zink und Wismut kann aus jeder normalen Flinte und auch kombinierten Waffe verschossen werden, während die anderen Sorten besondere Ansprüche stellen und verstärkt beschossene Waffen verlangen. Moderne Flinten sind dafür ausgelegt und haben auch entsprechend gebohrte, speziell für Weicheisenschrote geeignete Mündungsverengungen. Wismut und Thungsten stehen in der Reichweite dem Bleischrot kaum nach, sind aber extrem teuer. Weicheisen und Zink sind zwar preiswerter, haben aber eine kürzere Reichweite. Weiter als 30 m sollte damit nicht geschossen werden. Gegenüber herkömmlichen Bleischrotvorlagen muss hier die Schrotgröße um zwei Nummern größer gewählt werden, also etwa 3,2 anstatt 2,7 mm. Das geht natürlich zulasten der Deckung und reduziert die wirksame Reichweite. Wer eine ständige Jagdgelegenheit am Wasser hat, sollte sich eine stahlschrottaugliche Flinte im Kaliber 12/76 anschaffen, um die Hochleistungs-Weicheisenschrotpatronen verschießen zu können, die eine gute Reichweite haben und preislich doch wesentlich günstiger sind als beispielsweise Wismutschrote.

Flintenlaufgeschosse

Bei einer Patrone mit Flintenlaufgeschoss wird anstelle der Schrotladung ein einziges, massives Geschoss verladen. Damit soll dem Jäger die Möglichkeit gegeben werden, auch mit der Flinte Schalenwild zu erlegen.

Brenneke und Foster

Zunächst wurde eine kalibergroße Bleirundkugel verladen, mit der aus einem glatten Flintenlauf keine große Präzision zu erzielen war. Dann begann man mit Langgeschossen zu experimentieren, bei denen der Schwerpunkt nach vorn verlegt wurde, um so eine Massestabilisierung zu erreichen.

In den USA entwickelte Foster ein wie ein Fingerhut aussehendes Geschoss mit Hohlboden und in Deutschland die Firma Brenneke ein zylindrisches Geschoss

▲ Moderne
Brenneke-Flinten-
laufgeschosse mit
Kunststoffheck

war das Flintenlaufgeschoss ein Notbe-
helf für Entfernungen bis etwa 30 m. Mit
dem Brenneke-Flintenlaufgeschoss oder
dem französischen Balle Blondeau, das
wie eine Nähgarnspule aussieht, gelang
es zwar, die Präzision zu verbessern,
sodass in Verbindung mit der fortschreitenden Waffentechnik auch Treffer bis
50 m möglich waren, aber an die Präzision eines Büchsengeschosses reichten die
Flintenlaufgeschosse lange nicht heran.

Sabbot-Slugs

Das änderte sich erst in den 1980er-
Jahren, als man begann, unterkalibrige
Geschosse in mehrteilige Treibkäfige
zu stecken. Der Kunststofftreibkäfig
wird nach Verlassen der Laufmündung
durch den Luftstrom abgestreift und das
Geschoss fliegt allein weiter.
Diese unterkalibrigen Geschosse aus
Kupfer oder Tombak, Sabbots genannt,
waren erheblich leichter als die alten
Bleibatzen und hatten eine wesentlich gestrecktere Flugbahn. Damit konnte man zwar etwas genauer treffen, aber

mit schräg gestellten Rippen und ange-
schraubtem Filzheck. Während sich das
aus weichem Blei bestehende Foster im
Ziel erheblich vergrößert, ist das Brenneke härter und hat eine höhere Durch-
dringungskraft.

Diese beiden Konstruktionen waren
lange Zeit richtungsweisend, auch
wenn im Lauf der Jahre viele abenteu-
erlich aussehende Flintenlaufgeschosse auftauchten und meistens genauso
schnell wieder verschwanden. Lange Zeit

▶ Sabbot-Flinten-
laufgeschosse, bei
denen ein unter-
kalibriges Geschoss
in einem Treibkäfig
aus Kunststoff
geführt wird, haben
eine flachere Flug-
bahn und aus vielen
Waffen eine bessere
Präzision.

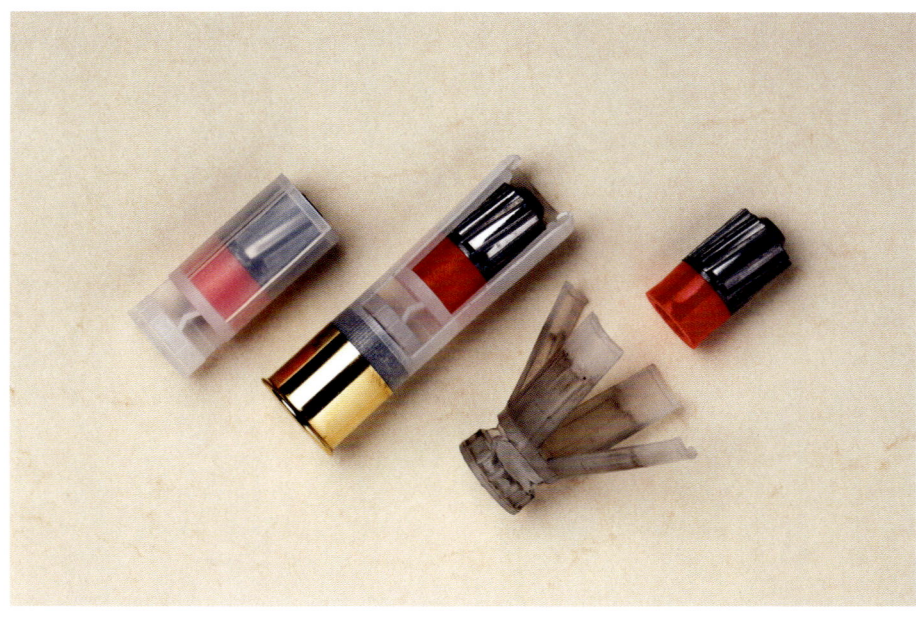

von Büchsenpräzision kann immer noch längst keine Rede sein.

Als in den USA in einigen Bundesstaaten die Jagd mit großkalibrigen Büchsen verboten wurde, um die Umfeldgefährdung in dicht besiedelten Gebieten herabzusetzen, bekam die Entwicklung der Flintenlaufgeschosse den nächsten kräftigen Schub. Die zweite Generation der Sabbot-Slugs hat einen hinter dem Längsachsenmittelpunkt angeordneten Schwerpunkt.

Spezialflinten für „Bleibatzen"

Damit ein solches Geschoss präzise fliegt, ist aber eine Drallstabilisierung notwendig. Und genau dafür sorgte man jetzt auch und baute spezielle Flinten mit gezogenen Läufen zum präzisen Schießen mit Flintenlaufgeschossen. Mit solchen Waffen kann auch auf 100 m auf Schalenwild geschossen werden. Dadurch wird natürlich der Flintenlauf quasi zu einem Büchsenlauf und ist zum Verschießen von Schrotpatronen nur noch bedingt geeignet.

Diese speziellen Flintenlaufgeschosse, wie etwa das Brenneke Super Sabbot, sollten nicht aus normalen glatten Flintenläufen mit Chokebohrung verschossen werden. Hier dürfen nur Bleigeschosse oder spezielle Sabbots, wie etwa das Brenneke Rubin, verschossen werden.

Wichtig: „Langenhagener Norm"

Wer eine Waffe will, die wirklich gut mit Flintenlaufgeschossen schießt, sollte beim Kauf darauf achten, die sogenannte „Langenhagener Norm" zu ordern. Sie besagt, dass bei fünf Schuss mit „Brenneke" ein Streukreisdurchmesser auf 50 m von 10 cm nicht überschritten wird. Bei Drillingen darf die Gesamtstreuung aller drei Läufe maximal 15 cm betragen. Bei deutschen Herstellern kann dieses Kriterium gegen Aufpreis bei Neuwaffen bestellt werden. Wer sich eine günstige Kombinierte ausländischer Produktion zulegt, kann aber nur darauf hoffen, dass der Flintenlauf bzw. die Flintenläufe auch mit dem Flintenlaufgeschoss eine brauchbare Präzision bringen.

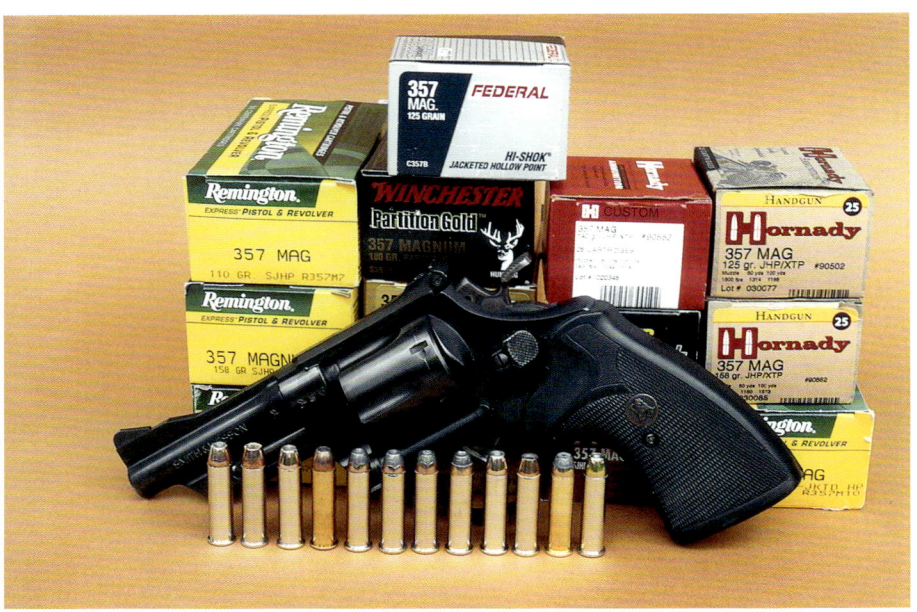

◀ Ein Vier-Zoll-Revolver Kaliber .357 Magnum ist die unterste Grenze, wenn Schwarzwild im Revier vorkommt.

Munition für Faustfeuerwaffen

Der Jäger benutzt eine Kurzwaffe entweder für den Fangschuss, die Bau- und Fallenjagd, den Selbstschutz oder das jagdsportliche Schießen. Entsprechend unterschiedlich sind die Anforderungen, die an die Munition gestellt werden.

.22 lfB für Bau- und Fangjagd

Für eine Waffe, die bei der Bau- und Fallenjagd oder dem jagdsportlichen Wettkampf eingesetzt wird, gibt es zur Patrone .22 lfB wohl kaum eine Alternative. Die präzise Kleinkaliberpatrone dominiert beim Wettkampf eindeutig und reicht bei der Fallenjagd völlig aus. Auch bei der Baujagd ist die Zielballistik befriedigend, wenn die starken High-Speed-Patronen mit Hohlspitze benutzt werden. Dazu kommt der günstige Preis der Randfeuerpatrone, der ein preiswertes Übungsschießen erlaubt, und der kaum vorhandene Rückstoß, der auch längere Serien nicht zur Belastung für den Schützen werden lässt. Selbst für Jagdschutzzwecke reicht eine handliche Double-Action-Taschenpistole vollkommen aus, wenn es nur um die Selbstverteidigung geht.

Fangschuss auf Schalenwild

Anders sieht es aus, wenn die Kurzwaffe für den Fangschuss auf Schalenwild eingesetzt werden soll. Hier schreibt der Gesetzgeber eine Mündungsenergie von 200 Joule vor, womit die schwachen Patronen der typischen Taschenpistolen wie 6,35 Browning oder 7,65 Browning von vornherein wegfallen – ohnehin ist es auch wenig ratsam, mit solch einem Pistölchen einem angeschweißten Stück Schwarzwild auf die Schwarte zu rücken.

Tipp

Der Jäger darf zwei Faustfeuerwaffen erwerben. Er sollte sich dabei entweder für Revolver oder Pistole entscheiden und bei der Anschaffung zweier Waffen für beide das gleiche System wählen. Wird abwechselnd ein Revolver und eine Pistole geführt, kann es unter Zeitdruck in Stresssituationen leicht zu Problemen bei der notwendigen flüssigen Handhabung kommen.

Das Kaliber muss stark genug sein, um „stoppend" zu wirken. Eine Sau kann annehmen, und wenn dann die Kurzwaffe eingesetzt wird, muss auch genug „Power" vorhanden sein, um sofortige Wirkung zu erzielen.
Die beliebte .38 Spezial, vor allem aus den handlichen Zwei-Zoll-Revolvern verschossen, ist eindeutig zu schwach. Ihre Durchschlagskraft ist viel zu gering, um durch die federnde Schwarte und die dicke Fettschicht einer Wintersau zu den lebenswichtigen Organen zu dringen.

Ab .357 aufwärts

Eine .357 Magnum, am besten mit Vier-Zoll-Lauf, ist hier die bessere Wahl. Garantiert stoppen kann aber auch sie nicht, das muss hier mal ganz klar gesagt werden. Entscheidend bei diesen Kalibern ist immer der Treffersitz. Eine echte Stoppkraft auf Sauen fängt erst bei den wirklich starken Magnumkalibern wie .44 Magnum, .480 Ruger und .454 Casull an.
Sehr gut geeignet sind auch die alten, aber sehr wirkungsvollen und angenehm zu schießenden Patronen .44 Spezial und .45 Long Colt. Ihre 16 g schweren Bleigeschosse haben eine brauchbare Stoppwirkung und durch den moderaten Rückstoß

◀ Moderne Hohl-spitzgeschosse pilzen zuverlässig auf, wenn die Zielgeschwindigkeit hoch genug ist.

ist eine schnellere Schussfolge als mit einer .357 Magnum möglich. Zu beachten ist jedoch, dass für die alten Kaliber von einigen Herstellern sehr schwache Laborierungen angeboten werden, die für die historischen Modelle ausgelegt sind. Beim Munitionskauf ist darauf zu achten, auch eine leistungs-fähige Patronensorte zu wählen.

Geschosse

Vollmantelgeschosse sind mit Ausnahme der dicken Kaliber wie .45ACP oder .45 Long Colt nicht gut geeignet, da die Energieabgabe im Wildkörper zu gering ist. Bei der langsamen, aber schweren .45er bringen dagegen schwere Teilmantel- oder Hohlspitzgeschosse nichts, da die Mündungsgeschwindigkeit zu gering ist, um ein Teilmantelgeschoss aufpilzen zu lassen. Bei dem großen Geschossdurchmesser ist das aber auch nicht nötig.
Werden mit den .45ern Hohlspitzgeschosse benutzt, dann mit leichterem Geschossgewicht von 185 bis 200 Grains, um die zum Aufpilzen notwendige Geschwindigkeit zu erreichen.

Bei der .357 Magnum ist ein gutes Hohlspitzgeschoss dagegen erste Wahl. Auch bei Pistolenkalibern wie 9 mm Luger, .357 SIG oder .40 S&W sollten Hohlspitzgeschosse benutzt werden. Unbedingt ist hier aber auf dem Schießstand sicherzustellen, dass diese Munition auch einwandfrei funktioniert. Einige Geschossformen verursachen in Selbstladepistolen oft Zuführungsstörungen. Eine gute Wahl bei den Hohlspitzgeschossen sind die Konstruktionen, die wenig Masse verlieren und damit eine gute Tiefenwirkung haben. Hier sind das Golden Saber von Remington, das XTP von Hornady und das Gold Dot von Speer zu nennen.

Kompromisse unvermeidlich

Bei der Wahl des Fangschusskalibers wird es wohl in fast allen Fällen nötig sein, einen Kompromiss einzugehen. Hohe Stoppkraft bedeutet auch gleichzeitig hohes Waffengewicht und starken Rückstoß. Kaum jemand wird einen .454 Casull ständig als Fangschusswaffe mitführen, auch wenn dessen Stoppkraft und Präzision beeindruckend sind.

Das Ding ist einfach zu groß und es wiegt viel zu viel.

Noch gut geeignet als ständiger Begleiter sind Revolver mit Lauflängen bis vier Zoll im Kaliber .357 Magnum und die kompakten 9-mm-Luger, .40 S&W oder .45er-Pistolenmodelle. Alles, was darunter liegt, ist jedoch zu schwach, und was darüber zu finden ist, lässt sich nicht mehr bequem tragen.

Fangschussgeber

Wird auch die Bau- und Fallenjagd betrieben und soll keine zweite Waffe angeschafft werden, lässt sich eine großkalibrige Fangschusswaffe auch dazu einsetzen, wenn ein Fangschussgeber der Firma Lothar Walther benutzt wird. Der Fangschussgeber hat die Außenform einer Patrone des verwendeten Kalibers und ist mit einem Patronenlager .22 lfB und einem kurzen, gezogenen Laufteil ausgestattet. Er wird wie eine Patrone einfach in die Trommel des Revolvers oder bei Pistolen direkt ins Patronenlager geladen und erlaubt es so, die schwache KK-Patrone zu verschießen. Für die Bau- und Fallenjagd ist die Präzision vollkommen ausreichend. Für einige Pistolenmodelle gibt es auch .22er-Wechselsysteme und für Revolver .22er-Einstecklläufe und Adapterpatronen. Sie bieten die Möglichkeit, preisgünstig zu trainieren.

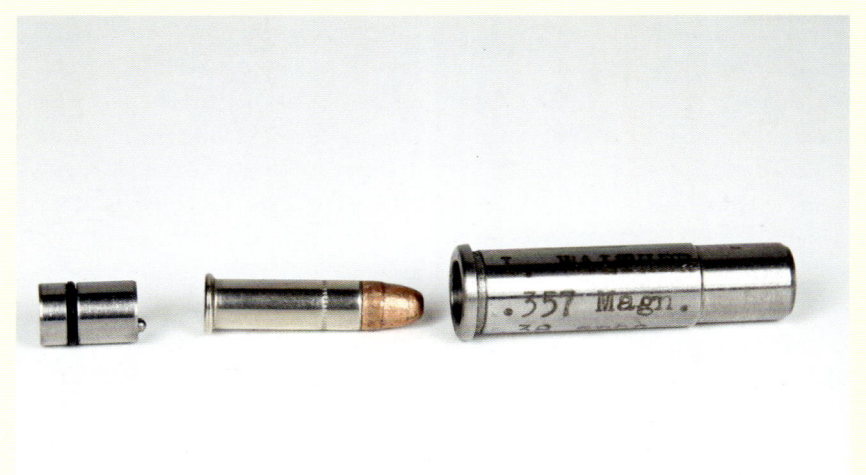

Der Fangschussgeber erlaubt es, aus einem großkalibrigen Revolver die Patrone .22 lfB zu verschießen.

Einschießen und Waffenpflege

Selbst einschießen

Um die Präzision von Büchse und Patrone überhaupt ausnutzen zu können, ist es
natürlich wichtig, die Waffe genau einzuschießen. Diese wichtige Tätigkeit sollte
der Besitzer unbedingt selbst erledigen
und sie nicht etwa dem Büchsenmacher
oder einem als guten Schützen bekann-
ten Jagdfreund übertragen, denn schon
kleine Änderungen bei den Anschlagsgewohnheiten können die Treffpunktlage
der Waffe verändern.

Überprüfung – zwingendes Gebot
Die Treffpunktlage einer Büchse muss in
regelmäßigen Zeitabständen überprüft
werden. Viele Einflüsse können eine
Korrektur am Zielfernrohr nötig machen
und solche kleinen Verschiebungen, die
über korrekten Treffersitz oder schwie-
rige Nachsuche entscheiden, lassen sich
nur unter „Schießstandbedingungen",
beim Schuss vom stabilen Anschusstisch,
herausfinden.

Veränderungen der Treffpunktlage
Ein kleiner Stoß kann die Treffpunktlage
bereits verändern, oder ein durch Witterungseinflüsse verzogener Schaft wirkt
sich das Schwingungsverhalten des Laufs
aus. Müssen gar neue Patronen gekauft
werden, ist der Gang zum Schießstand
unumgänglich: Schon eine andere Los-
nummer kann eine Korrektur erfordern,
selbst wenn das gleiche Fabrikat mit glei-
chem Geschoss gekauft wird.

Regelmäßige Prüfung
Und nicht nur, wenn neue Patronen
erworben wurden, Waffe oder Glas einen
Stoß abbekommen haben oder die Bockjagd vor der Tür steht, sollte die Waffe
zur Probe geschossen werden – der
verantwortungsbewusste Jäger tut dies
in regelmäßigen Abständen das ganze
Jahr hindurch. Das vermeidet nicht nur
so manche Nachsuche, sondern gibt
auch die nötige Sicherheit bei schwieri-
gen Schüssen. Wer weiß, dass er sich auf
seine Waffe hundertprozentig verlassen

▶ **Eine Jagdwaffe
muss sorgfältig
eingeschossen
werden – möglichst
vom Jäger selbst.**

Tipp

Bei der Jagd in einem ganz neuen Revier, z. B. auf einer Jagdreise, muss vor Ort Probe geschossen werden. Die jeweilige Höhenlage eines Reviers hat Einfluss auf die Treffpunktlage. Besonders bei der Bergjagd ist das sehr wichtig!

kann, wird beruhigter und sicherer schießen.

Jäger schießen ihre Büchsen gern mit einem Hochschuss von drei oder vier Zentimetern ein, um die GEE (günstigste Einschießentfernung) nutzen zu können.

Vorgehensweise

Beim Einschießen einer Waffe geht es nicht darum, sportliche oder jagdliche Situationen zu simulieren, sondern es dient ausschließlich der Justierung der Zieloptik. Wir sind also bemüht, möglichst alle präzisionsmindernden Fehlerquellen auszuschließen.

Das Einschießen einer Waffe ist an sich nicht schwierig, trotzdem werden immer wieder Fehler gemacht, die es dem Schützen unnötig schwer oder gänzlich unmöglich machen, die korrekte Treffpunktlage seiner Waffe herauszufinden.

Auflage und Bettung

Das fängt mit der richtigen Auflage der Waffe und der korrekten Haltung des Schützen an. Ist auf dem Stand ein Schießgestell vorhanden, sollte dies unbedingt genutzt werden, denn damit lassen sich viele Fehler von vornherein ausschließen.

Ist keines vorhanden, muss die Waffe so vibrationsfrei wie möglich auf das Ziel gerichtet werden. Die Auflage für den Vorderschaft darf keinesfalls zu weich sein. Optimal ist hier ein mit Sand gefüllter Ledersack, der sich der Kontur des Vorderschafts anpassen lässt. Er verhindert auch das seitliche Wegrutschen der Waffe. Noch besser sind die in der Höhe verstellbaren Dreibeine mit entsprechender Auflage, wie sie von den Benchrestern verwendet werden.

Auch der Hinterschaft muss ordentlich gebettet werden. Gerade hier sind oft Fehler zu beobachten. Ein flacher Sack aus Leder oder Stoff, mit Sand oder Schrot gefüllt, leistet hier gute Dienste. Die Schaftunterseite bildet ja eine schiefe Ebene und erlaubt so durch einfaches Verschieben die Höhenkorrektur. Besser geht es natürlich mit den eigens dafür entwickelten „Ohrensäckchen", die der Waffe nicht nur seitlichen Halt bieten, sondern dem Schützen auch eine Feinkorrektur der Höhe erlauben. Dazu wird mit der linken Hand diese Auflage umfasst und durch Druck auf die Ohren des Ledersäckchens kann die Höhe verändert werden.

Haltung

Bei einer normalen Sandsackauflage muss die Waffe am Vorderschaft und am Hinterschaft abgestützt werden – und zwar so, dass sie satt aufliegt und auch ohne die Hände des Schützen auf der Auflage in Position bleibt. Der Schütze sitzt in möglichst entspannter Haltung hinter der Waffe, hat beide Füße flach auf dem Boden und der Schaft hat leichten Kontakt mit der Schulter. Die rechte Hand umfasst unverkrampft den Pistolengriff.

Wo sich die linke Hand befindet, ist vom Kaliber abhängig. Bei rückstoßschwachen Waffen sollte sie sich nicht am Vorderschaft befinden, sondern liegt unter dem

▶ Die linke Hand liegt unter dem Hinterschaft. Nur bei rückstoßstarken Kalibern umfasst sie den Vorderschaft.

Hinterschaft und sorgt für die Höhenkorrektur durch Zusammendrücken des Sandsäckchens. Auf keinen Fall liegt sie auf dem Zielfernrohr der Büchse. Bei Waffen, bei denen sich der Vorderfuß der Montage auf dem Lauf befindet, würde dies das Schwingen des Laufs verändern und die Treffpunktlage beeinflussen. Großkalibrige Jagdwaffen werden mit der

nlinken Hand am Vorderschaft gehalten – aber so, dass die Finger des Schützen nur am Holz liegen und nicht etwa den Lauf gegen den Vorderschaft drücken. Auch das würde die Treffpunktlage beeinflussen.

Atem- und Abzugstechnik

Der Schuss sollte weder mit ganz gefüllter noch mit leerer Lunge abgegeben werden. Ist genügend Zeit vorhanden, wird zunächst ruhig ein- und dann ganz leicht ausgeatmet. Jetzt befindet sich noch etwas Luft in der Lunge. So lässt sich die natürliche Atempause ausdehnen und der Schuss kann abgegeben werden, ohne dass das Heben und Senken des Brustkorbs die Ruhe stört.

Beim Abziehen dürfen sich nur die ersten beiden Fingerglieder bewegen, der Rest des Körpers muss bewegungslos wie Beton sein.

Der Druck auf den Abzug wird langsam

Immer zuerst „trocken"

Haben wir unsere Waffe richtig gebettet und einen optimalen Sitz eingenommen, simulieren wir zunächst eine Schussabgabe, um noch mögliche Fehlerquellen festzustellen. Wird das Schloss der ungeladenen Waffe abgeschlagen, erkennt man gut, ob und wohin allein dadurch das Absehen springt. Wandert es, wird die Haltung so lange korrigiert, bis das beim Leerabschlagen nicht mehr passiert. Erst dann wird scharf geschossen.

Tipp

Auch mit starken Kalibern lässt sich auf dem Schießstand präzise schießen, wenn man zwischen Schaft und Schulter einen kleinen sandgefüllten Ledersack, einen sogenannten „Weichling", klemmt. Der Rückstoß wird dadurch wesentlich gemindert.

und stetig erhöht, bis der Schuss bricht. Der Schuss muss den Schützen regelrecht „überraschen". Wer bewusst einen Schuss auslöst, wird in den meisten Fällen verreißen.

„Mucken" darf nicht sein!

Ein häufig zu beobachtendes Übel ist das sogenannte „Mucken", die Angst vor der Schussabgabe, die den Schützen am Abzug reißen und die Augen schließen lässt. Wer solche Angst vor dem Schuss hat, dass das Absehen im Herzschlag tanzt, wird seine Kugeln über die ganze Scheibe verteilen. Unbedingt sollte ein Gehörschutz getragen werden, denn oft ist die Angst vor dem lauten Knall größer als vor dem Rückstoß.

Aber auch gegen den Rückstoß kann etwas getan werden. Am besten schon beim Kauf der Büchse, indem der Schütze ein Kaliber wählt, das er auch zu beherrschen vermag. Also vorher mit der Waffe schießen und sich kritisch fragen: Werde ich damit fertig? Lieber etwas weniger Energie ins Ziel bringen und präzise schießen als mit der dicken Kugel krankschießen!

Immer Schussgruppen

Haben wir uns richtig vorbereitet, den richtigen Sitz gefunden und die Waffe ordentlich gebettet, wird eine Gruppe von mindestens drei Schuss geschossen.

Wichtig ist, sich Zeit zu lassen. Schnelles Schießen, besonders mit kombinierten Waffen, hat eine Veränderung der Treffpunktlage durch die Lauferwärmung zur Folge, und das würde den Versuch, die Treffpunktlage genau zu ermitteln und zu korrigieren, von vornherein zunichtemachen. Pausen von etwa zehn Minuten zwischen den einzelnen Schüssen sorgen dafür, dass bei jedem Schuss waffenseitig die gleichen Voraussetzungen vorliegen. Am Zielfernrohr werden erst Korrekturen vorgenommen, wenn eine gute Gruppe auf der Scheibe ist. Nach einem einzelnen Schuss gleich zu schrauben, kann das Einschießen zu einer endlosen Geschichte machen, denn gerade dieser Schuss kann verrissen sein oder er liegt aufgrund anderer Einflüsse, eventuell munitionsseitiger, an ganz anderer Stelle. Anhand einer Schussgruppe lassen sich die mittlere Treffpunktlage bestimmen und danach das Absehen des Zielfernrohrs ausrichten.

◀ **Auf dem Schießstand immer nur mit Gehörschutz!**

Ein an der richtigen Stelle platzierter Büchsenschuss ist sofort tödlich. Um die Präzision, die unsere heutigen, modernen Jagdwaffen ohne Zweifel haben, aber im Revier richtig umsetzen zu können, ist „Vorarbeit" auf dem Schießstand nötig und wichtig, aber nicht unter Zeitdruck. Eine Waffe einzuschießen, ist keine Nebensache, die man mal eben zwischendurch erledigt, sondern kennzeichnet den verantwortungsbewussten Jäger. „Zeig mir, wie du deine Büchse einschießt, und ich sage dir, wie du jagst."

Laufreinigung

Büchsenläufe

Büchsengeschosse hinterlassen im Lauf Ablagerungen, die von Zeit zu Zeit wieder entfernt werden müssen. Besonders die modernen, schnellen Hochleistungspatronen machen oft schon nach wenigen Schüssen eine Reinigung erforderlich.

Ablagerungen ernst nehmen!

Hat sich zu viel Mantelmaterial abgelagert, wird die Präzision der Waffe schnell schlechter und auch die Treffpunktlage verändert sich, denn der Querschnitt des Laufs wird durch die Ablagerungen enger. Ist die Schicht der Mantelrückstände auf Züge und Felder zu stark, kann es sogar zu gefährlichen Gasdrucksteigerungen kommen.

So weit wird es hoffentlich niemand kommen lassen, und es ist wesentlich besser, die Ablagerungen kontinuierlich nach kleinen Schussserien zu entfernen, als zu warten, bis der Lauf so richtig zugeschmiert ist. Während die Rückstände der alten Geschosse mit Flussstahlmantel (TIG und TUG) kaum sichtbar (aber trotzdem vorhanden) sind, hinter-

▲ Vor einer Verstellung des Absehens werden immer erst Gruppen geschossen.

Wer drei Schüsse abgibt, dann das Zielfernrohr korrigiert und noch einen Kontrollschuss macht, kann eine Waffe durchaus mit vier Schüssen einschießen. Ergeben sich größere Streukreise, hat es keinen Sinn, am Glas zu schrauben, sondern erst muss die Ursache der Streuung gefunden werden. Die kann an der Waffe, an der Munition oder beim Jäger selbst liegen.

Einschießen ist keine Nebensache

Das Einschießen einer Büchse ist besonders wichtig für den Jäger und eine verantwortungsvolle Tätigkeit, die mit der nötigen Sorgfalt vorgenommen werden sollte. Sie entscheidet letztendlich über den Jagderfolg und die Leiden des Wildes.

lassen die heute üblichen Tombakmäntel auffällige Spuren im Lauf.

Am besten sieht man das, wenn man etwas Watte von vorn etwa zwei bis drei Zentimeter in den Lauf schiebt und dann mit einer Taschenlampe hineinleuchtet. Die Ablagerungen sind als rötlich gelb glänzender Belag gut zu sehen.

Laufreinigung mit Ammoniak

Die Laufreinigung ist heute dank der chemischen Industrie relativ einfach. Das Angebot an chemischen Laufreinigern ist mittlerweile sehr groß und mit diesen speziellen Laufreinigern können die Mantelrückstände bequem und vor allem laufschonend beseitigt werden.

Laufreiniger lassen sich von ihrer Wirkungsweise her in zwei große Gruppen einteilen: ammoniakhaltige und ammoniakfreie Reiniger. Ammoniak ist ein klassischer Stoff, um Mantelrückstände aufzulösen. Die Tombakrückstände werden chemisch aufgelöst und können aus dem Lauf geputzt werden. Auf dem Baumwollpatch oder Filzpfropfen er-

scheinen sie dann als grüner oder blauer Schmier.

Ammoniakhaltige Reiniger sind allerdings nicht nur in der Lage, Mantelrückstände aufzulösen, sondern können auch den Laufstahl angreifen, wenn nicht genau nach Vorschrift verfahren wird. Der Reiniger darf nicht zu lange im Lauf bleiben, denn in Verbindung mit Sauerstoff rostet auch der Laufstahl nach einigen Stunden. Ammoniakhaltige Reiniger müssen daher nach einigen Minuten Einwirkzeit wieder entfernt werden, und der Laufstahl ist anschließend unbedingt mit Waffenöl zu konservieren.

Bei starken Ablagerungen kann der Lauf auch einseitig verschlossen und dann vollständig mit Reiniger gefüllt werden. So kann er eine Nacht lang stehen gelassen werden, da ja kein Sauerstoff an die Laufinnenwand gelangt.

Ammoniakhaltige und -freie Reiniger

Einige Reiniger auf Ammoniakbasis sind so wirksam, dass sie sogar die Brünie-

◀ Spezielle Laufreiniger entfernen Mantelrückstände schnell und schonend.

rung angreifen. Spritzer müssen sofort entfernt und mit Öl behandelt werden. Wer hier nicht aufpasst, hat schnell helle Flecken in der Brünierung. Ammoniakhaltige Reiniger sind zwar hochwirksam, aber auch nicht ganz unproblematisch – von der Umweltbelastung mal ganz abgesehen. Das Zeug ätzt, stinkt und beißt in der Nase.

Daher gehen heute viele Firmen dazu über, Laufreiniger zu entwickeln, deren Wirkung nicht auf Ammoniak beruht. Diese Mittel haben oft sogar konservierende Wirkung, sodass ein Einölen des Laufs nach dem Reinigen nicht notwendig ist. In Mitteln wie Hoppes No. 9, Wolfs Waffenreiniger, Forrest Reinigungsschaum oder Shooters Choice, um hier nur einige zu nennen, ist nach Herstellerangaben kein Ammoniak enthalten. Mit Ammoniak arbeiten dagegen z. B. Robla Solo und Hoppes No. 9 Benchrest.

Wer es ganz eilig hat, ist mit Robla Solo am besten bedient. Beim Reinigen muss aber sorgsam aufgepasst werden, dass kein Tropfen danebengeht und der Lauf anschließend unbedingt mit Öl konserviert wird.

Die Reiniger ohne Ammoniak machen zwar etwas mehr Mühe, sind dafür aber wesentlich einfacher zu handhaben und

▼ **Gute Putzstöcke haben kugelgelagerte Griffe.**

> ## Bronze- statt Stahlbürsten
>
> Wer noch eine der alten Stahlbürsten besitzt, sollte das Ding so schnell wie möglich verschwinden lassen. Sie entfernt zwar die Laufablagerungen – mit der Zeit aber auch die Felder. Ganz ohne Bürste erreicht man mit den meisten Mitteln allerdings nur die Feldkanten. Bronzebürsten sind die richtige Wahl: Weil wesentlich weicher als der Laufstahl, können sie dem nichts anhaben.

der Arbeitsgang „Einölen" entfällt auch. Shooters Choice und der Forrest Schaum sind nicht wesentlich langsamer als Robla Solo, wobei beim Reinigungsschaum sogar das Schrubben mit der Bürste entfällt. Die Zukunft gehört eindeutig den ammoniakfreien Mitteln.

Putzstock und Bürste

Neben einem guten chemischen Reiniger werden aber noch Putzstock und Bürsten benötigt. Hier sollte man nicht sparen. Der Putzstock muss von erstklassiger Qualität sein, wenn man damit effektiv arbeiten will. Der Griff sollte sich kugelgelagert drehen lassen, damit die Bürste leicht und problemlos dem Drall des Laufs folgen kann.

Hartnäckigen Belag bekommt man, auch wenn er durch chemische Mittel schon gelöst wurde, von den Feld-Zug-Kanten nur mit einer Bürste weg. In den Putzkasten gehört also ein Sortiment von Bronzebürsten – und zwar für jedes Kaliber eine genau passende. Die Bürsten müssen nach dem Einsatz unter warmem Wasser gereinigt werden.

Weiterhin werden zum Kaliber passende Patches gebraucht. Patches sind kleine Baumwollläppchen, die mittels eines spitzen Halters zum Durchwischen des Laufs

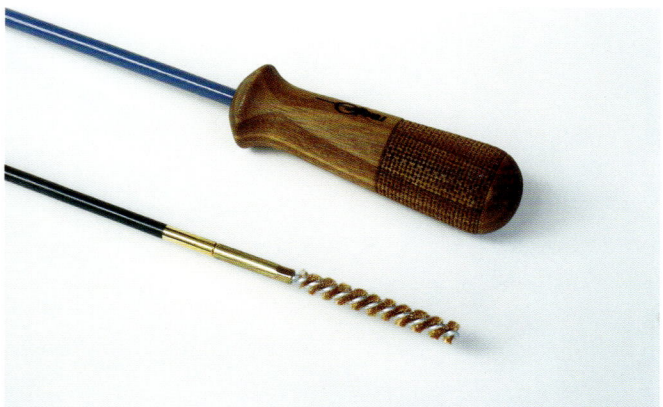

benutzt werden. Mit ihnen werden die
Reste des Lösungsmittels entfernt und
der Lauf trocken gewischt. Alternativ können auch Filzpfropfen benutzt werden,
die den gleichen Zweck erfüllen. Auch sie
sollten genau zum Kaliber passen.

Verschluss, Patronenlager und Stahlteile

Die gleitenden Teile des Verschlusses
werden mit einem speziellen Verschluss-
warzenfett behandelt. Damit lässt sich
unerwünschter Abrieb vermeiden, der
hier böse Folgen hätte. Das Patronenlager
wird mit einer speziellen Bürste gesäu-
bert, die einen entsprechenden Durchmesser hat. Öl oder Fett hat im Patronenlager nichts zu suchen.
Es ist daher praktisch und ratsam, eine
Putzstockführung, ein sogenanntes
„falsches Schloss", zu benutzen, das
verhindert, dass die Bürste oder das Patch
Kontakt zum Patronenlager bekommt,
und den Putzstock zentriert führt. Für
Kipplaufwaffen lässt sich eine geeignete
Putzstockführung vergleichsweise einfach
selbst herstellen, indem eine leere

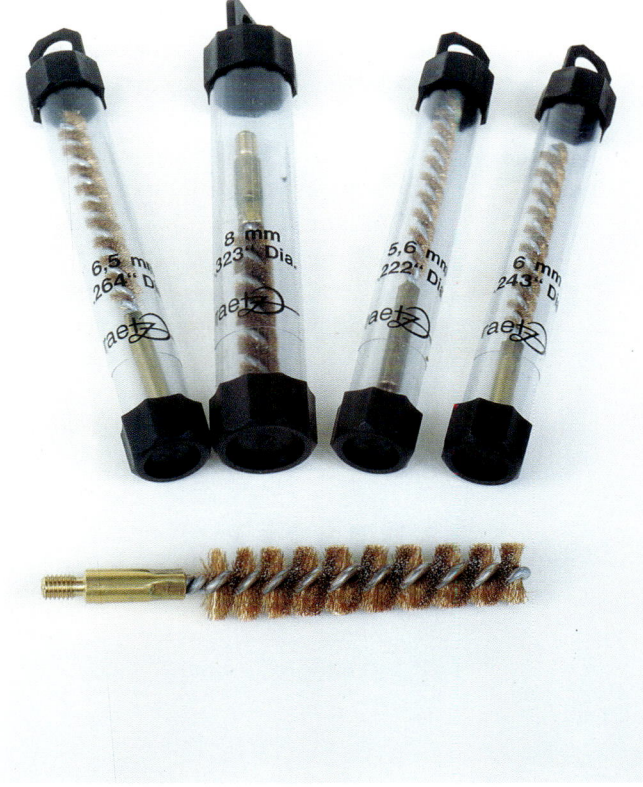

Tipp

Praktisch für die Waffenreinigung sind
Kunststoffdosen, die sich auf den Lauf
stecken lassen. Sie verhindern das He-
rumspritzen schmutzigen Öls im Raum,
wenn die Reinigungsbürste aus der Laufmündung austritt. Auch schmutzige
Patches oder Reinigungsfilze landen in
so einer Dose und müssen nicht einzeln
vom Boden aufgelesen werden.

Patronenhülse des entsprechenden
Kalibers im Boden eine Bohrung erhält,
durch die der Putzstock passt.
Die übrigen Stahlteile der Büchse müssen vor Korrosion geschützt werden. Das
kann durch Öl oder durch ein Teflonfett
geschehen. Teflonfett hat den Vorteil,
dass es einen trockenen Schutzfilm
bildet, der sehr dauerhaft ist und keinen
Staub anzieht.
Hilfreich ist auch eine Haltevorrichtung
für die Waffe, sodass beim Reinigen mit
beiden Händen gearbeitet werden kann.
Solche Waffenhalter sind im Handel,
Filzbacken für den Schraubstock erfüllen
aber auch diesen Zweck.

▲ **Für jedes Kaliber
muss eine genau
passende Bürste
vorhanden sein.**

Das Quick-Clean-System

Für ganz Eilige gibt es das Quick-Clean-Reinigungssystem, das von RUAG vertrieben wird. Hier ist praktisch alles „an einem Stück" angeordnet, und in einem Rutsch wird vorgereinigt, gebürstet und sauber gewischt. Das Quick-Clean-System kommt dazu ohne Putzstock aus und kann zusammengerollt platzsparend aufbewahrt oder mitgeführt werden.Ein Messinggewicht, hier ist auch die Kaliberangabe eingraviert, wird an einer reißfesten Schnur von der Patronen-lagerseite her durch den Lauf geführt, bis es an der Mündung herauskommt. Jetzt muss nur noch mit kräftigem Zug das ganze System durch den Lauf gezogen werden.

Zunächst tritt ein Spezialgewebe in den Lauf ein, das lose Schmutzpartikel entfernt. Hinter diesem etwa 70 mm langen Teil ist eine Bronzebürste angeordnet, die die eigentliche Reinigungsarbeit im Lauf übernimmt.

Bronze ist härter als Kupfer, aber weicher als Messing und die wohl beste Legierung für die Laufreinigung überhaupt. Sie ist einerseits hart genug, um auch festsitzende Ablagerungen zu entfernen, aber doch nicht so hart, dass sie dem Laufprofil schadet.

Nach der Bürste folgt ein sehr langes Stück Gewebe, das den Lauf durchwischt und poliert. Dieses Gewebeteil hat eine etwa 150-mal größere Oberfläche als ein Reinigungsfilz. Ist das weiße Spezialgewebe zu stark verschmutzt, kann es einfach gewaschen werden, auch in der Waschmaschine. Um häuslichen Ärger zu vermeiden, sollte man hier aber besser einen Wäschesack benutzen. Nur eine saubere Büchse schießt präzise. Der Waffenreinigung sollte daher große Aufmerksamkeit geschenkt werden. Mit dem entsprechenden Werkzeug ist das allerdings keine wirklich große Sache und eine Büchse lässt sich in 15 Minuten erstklassig pflegen.

▶ Büchsen- und auch Flintenläufe lassen sich einfach und ganz schnell mit dem Quick-Clean-System von RUAG reinigen.

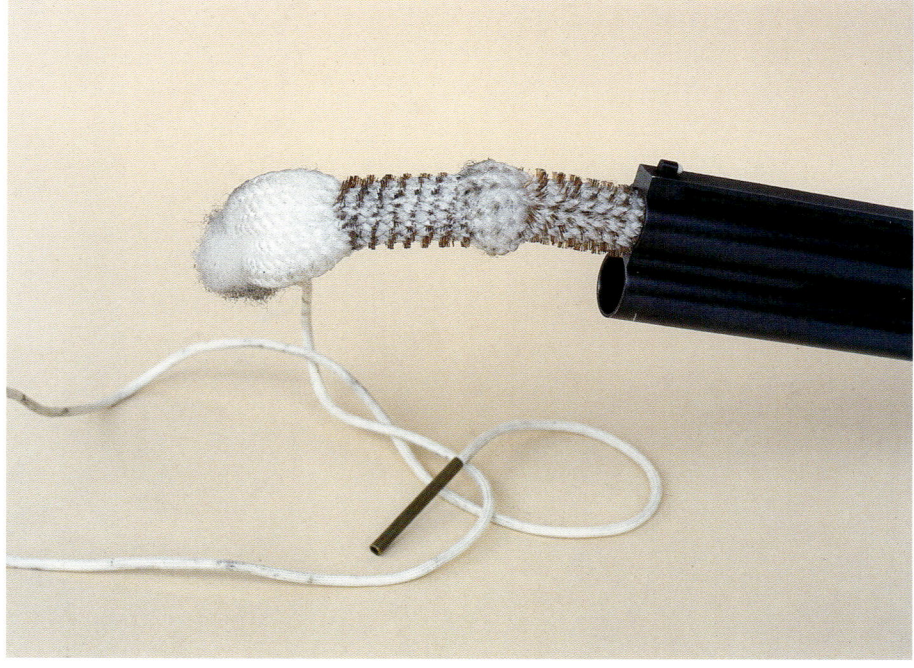

Flintenläufe

Die glatten Läufe einer Flinte sind einfacher zu reinigen als ein Büchsenlauf. Handelt es sich gar um hartverchromte Läufe, wie sie sich heute bei modernen Flinten oft finden, geht es sogar ziemlich mühelos.

Mit Küchenpapier und Laufreiniger

Zunächst wird der lose Dreck aus den Läufen entfernt. Das geht am einfachsten, indem ein Stück Papier von der Küchenrolle mit dem Putzstock durch die Läufe geschoben wird. Zeitungspapier tut es natürlich auch.

Dann wird das Laufinnere mit einem bleilösenden Laufreiniger eingesprüht. Wichtig ist also, dass auch Bleirückstände gelöst werden. Die meisten Waffenreiniger lösen aber Blei und Tombak, sodass man hier mit einem Reiniger für Büchse und Flinte auskommt.

Nach der Einwirkzeit wird der Lauf mit einem Filzpfropfen oder einer Kunststoff-

> ### Tipp
>
> Bei wirklich starken Verschmutzungen und hartnäckigen Ablagerungen im Flintenlauf hilft nur noch auf den Werghalter gedrehte Stahlwolle. Benutzt werden darf aber nur die feine 000-Stahlwolle und auch sie niemals trocken, sondern immer nur mit Öl benetzt. So wird auch ein stark verbleiter Lauf wieder blank.

bürste durchgezogen, und zum Schluss noch ein Stück Papier zum Endreinigen hindurchgedrückt – und der Lauf ist wieder sauber.

Bei ganz hartnäckigen Laufablagerungen, hauptsächlich im Chokebereich und direkt hinter dem Patronenlager, kann es einmal notwendig sein, zu einer Bronzebürste zu greifen, doch in der Regel ist das überflüssig.

Auch Kunststoffrückstände von Schrotbechern lassen sich auf gleiche Weise entfernen.

◄ Ölschäfte müssen von Zeit zu Zeit mit Schaftöl oder Wachs wetterfest gemacht werden.

Vor dem Umstieg auf Bleifrei: gründliche Laufreinigung

Wer von bleihaltigen Geschossen zu bleifreien Geschossen wechselt, muss unbedingt den Büchsenlauf vorher von allen Geschossablagerungen befreien, sonst ist mit keiner guten Präzision zu rechnen.

Homogenen Geschossen fehlt der weiche Bleikern. Das hat stärkeren Abrieb zur Folge, da sich diese Geschosse nicht so leicht an das Laufprofil anformen können. Darüber hinaus verwenden manche Hersteller relativ weiches Material, um günstigere Einpresswiderstände zu erzielen, was auch noch mal zu verstärktem Laufabrieb führt.

Ein anderer Weg, beim Einpressen in das Feld-Zug-Profil des Laufes überhöhte Gasdrücke zu vermeiden, besteht darin, das Geschoss nicht vollflächig zu führen, sondern nur über sogenannte Führungsbänder, Führungsringe oder Rillen. Die meisten modernen monolithischen Geschosse sind so konstruiert. Durch die geringen Anlageflächen sind diese Geschosse aber gegenüber Verunreinigungen und Ablagerungen im Lauf bzw. im Übergangskonus sehr empfindlich. Solche Ablagerungen und Rückstände können die Ursache dafür sein, dass die dünnen Führbänder beschädigt werden und dann das Geschoss nicht mehr zuverlässig im Lauf geführt und ausreichend stabilisiert wird, letztlich also Präzisionsprobleme entstehen.

Alles sehr gute Gründe, um den Lauf vor einen Umstellung gründlich zu reinigen. Sind alle alten Ablagerungen entfernt, müssen einige Patronen verschossen werden, damit sich ein gleichmäßiger dünner Kupferabrieb einstellt – danach kann die Büchse dann auf die neue, bleifreie Munition eingeschossen werden.

Flintenputzstock

Der Flintenputzstock sollte stabil sein und eine glatte Oberfläche haben, in der sich kein Dreck festsetzen kann. Zu weiche Holzstöcke entwickeln sich nach einigem Gebrauch zu einer regelrechten Feile und auf diese Weise gelangen schnell Kratzer in die glatten Innenwände der Flintenläufe.

Einteilige Stöcke sind zerlegbaren vorzuziehen. Für die Patronenlager gibt es spezielle Reinigungsbürsten, mit denen sich Ablagerungen leicht entfernen lassen.

Gebrauchtwaffenkauf

Kipplaufwaffen

Wenn eine neue Jagdwaffe angeschafft
werden soll und die Brieftasche nicht
gerade prall gefüllt ist, stellt sich die
Frage, ob „die Neue" wirklich neu sein
soll oder ob eine Gebrauchtwaffe nicht
vielleicht die bessere Wahl ist. Der Kauf
von gebrauchten technischen Gegen-
ständen ist aber immer auch ein Risiko,
und vor dem Kauf sollten Funktion und
Beschaffenheit genau geprüft werden.

Von Büchsenmacher und „privat"
Gebrauchte Jagdwaffen haben immer
einen erheblichen Preisvorteil gegenüber
der Neuwaffe. Dazu kommt, dass Jagdwaffen bei vernünftiger Pflege, verglichen
mit anderen Gebrauchtgegenständen,
eine sehr lange Lebensdauer haben.
Den Gebrauchtwert und den Zustand
einer Waffe beurteilen zu können, erfor-

dert jedoch elementare Kenntnisse. Um
eine Waffe ohne Gefährdung für sich und
andere führen zu können, sind einwandfreie Funktion und Handhabungssicher-
heit primäre Voraussetzungen. Der beste
Weg, eine gebrauchte Jagdwaffe zu erwerben, ist hier sicher der Kauf bei einem
Büchsenmacher. Worauf man bei einem
Kauf „privat an privat" achten sollte, wird
nachfolgend erklärt.

Schaft

Passung
Die nachfolgenden Ausführungen gelten
für alle Kipplaufwaffen, gleich ob Flinten,
Büchsen oder kombinierte Waffen.
Allein die Tatsache, dass der Verschluss
kein fühlbares Spiel ausweist und die
Läufe blank sind, ist noch kein Beweis
für den einwandfreien Zustand. Wichtig
bei Kipplaufwaffen ist die Passung von

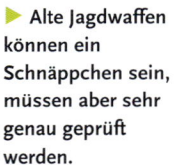

▶ Alte Jagdwaffen
können ein
Schnäppchen sein,
müssen aber sehr
genau geprüft
werden.

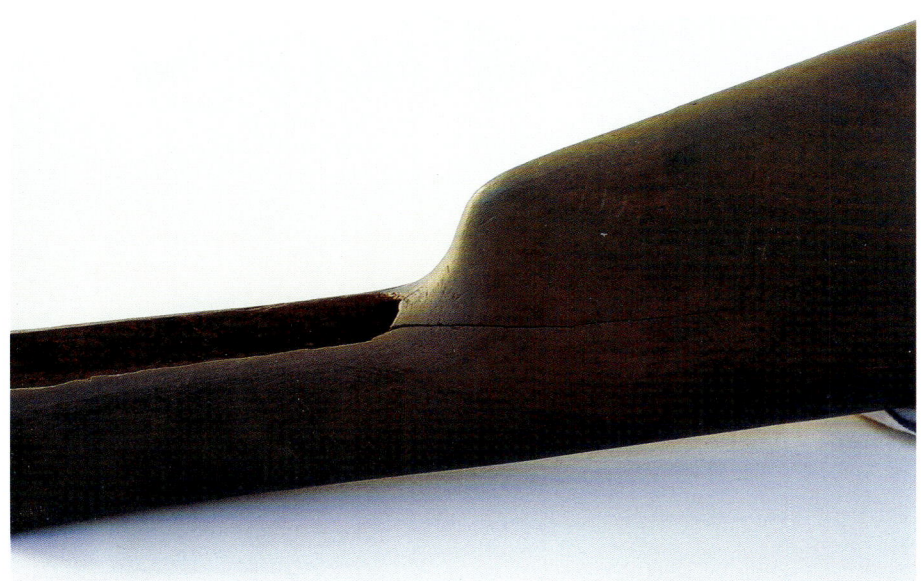

◀ Ein solcher Schaftriss lässt sich kaum noch reparieren.

Holz- und Metallteilen. Die Rückstoßkräfte werden von sehr kleinen Flächen aufgenommen, und viele Modelle, besonders Drillinge, werden von lediglich einer Schraube quer durch den Schafthals zusammengehalten. Die Seitenteile des Schaftes vorn an der Basküle sind besonders bei Blitzschlossmodellen nur drei bis vier Millimeter stark.

Hat der Schaft schon ursprünglich eine schlechte Passung oder hat er sich im Lauf der Zeit durch Witterungseinflüsse verzogen, werden ihn die Rückstoßkräfte über kurz oder lang endgültig zerstören. Typische Zeichen sind Haarrisse, die hinter dem Kastenende sichtbar werden, oder kleine Absplitterungen, die durch den Oberflächendruck besonders belasteter Stellen entstehen. Die ersten warnenden Anzeichen sind kleine Holzsplitter, die an diesen besonders druckbelasteten Stellen losreißen.

Risse und Schrumpfung

Der empfindlichste Teil des Schaftes ist der Schafthals. Um dünne Risse in der Fischhaut zu erkennen, ist ein gutes Auge erforderlich. Hier ist eine Lupe sehr hilfreich.

Sind Schaftschäden vorhanden, muss überlegt werden, ob sich eine Reparatur noch lohnt. Einen senkrechten Riss, der bis in den Schafthals reicht, kann man nicht mehr beheben und es wäre eine komplette Neuschäftung erforderlich. Kipplaufwaffen sind kompliziert aufgebaut, und damit das Schlosswerk auch sicher funktioniert, dürfen keine

Der Öltest

Kaum sichtbare Haarrisse hinter dem Kasten lassen sich mithilfe des „Öltests" feststellen. Auf die besonders gefährdeten Stellen hinter dem Kasten wird einfach eine dünne Schicht Öl gestrichen, anschließend die Waffe geöffnet und wieder geschlossen. Beim Öffnen dringt das Öl durch die nachlassende Belastung in den Schaft ein, beim Schließen wird es wieder herausgepresst. Dünne Risse im Holz sind so gut und rasch zu erkennen.

▶ **Kipplaufwaffen**
sollten nur vom
Fachmann zerlegt
werden. Oft ist
hierzu Spezialwerk-
zeug erforderlich.

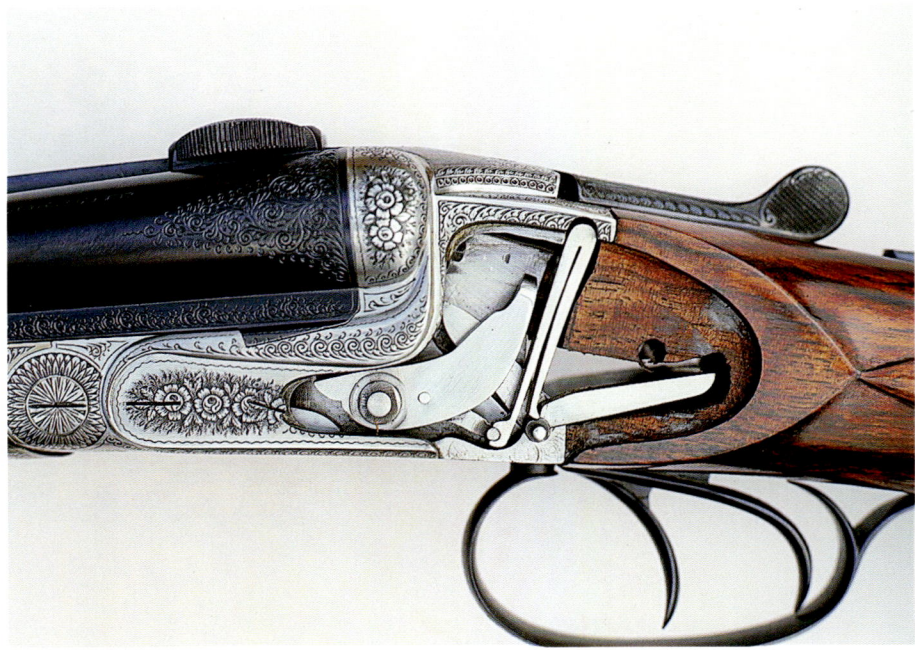

Verschiebungen auftreten. Die Toleranzen sind sehr klein und ein defekter Schaft kann die Sicherheitsfunktionen beeinträchtigen.

Ist der Schaft nach vielen Jahren Gebrauch geschrumpft und werden einfach die Schrauben nachgezogen, so ändert sich der Abstand zwischen den Abzügen und den Abzugsstangen und es besteht das Risiko, dass die Schlagstücke nicht sicher aufgefangen werden oder die Sicherung versagt.

Im Zweifelsfall zum Fachmann

Sind äußerlich die kleinsten Spuren am Schaft sichtbar, die auf eine Beschädigung hindeuten, sollte die Waffe von einem Fachmann zerlegt und genau untersucht werden. Welche Auswirkungen eine Beschädigung hat und ob sie sich beheben lässt, ist oft nur von innen und mit viel Sachkenntnis zu sehen. Kipplaufwaffen und besonders Drillinge sind komplizierte Konstruktionen und es

dürfen keine Verschiebungen zwischen Basküle und Schlossblech auftreten, sonst kommt es bei den hier notwendigen minimalen Toleranzen unweigerlich zu Funktionsstörungen.

Läufe und Verriegelung

Zunächst sollte die einwandfreie Verlötung der Läufe kontrolliert werden, denn fehlerhafte Lötstellen verursachen bei der Reparatur sehr hohe Kosten.

Verlötung

Die Läufe werden mit dem Griff eines Schraubenziehers abgeklopft – und zwar entlang der Schienen auf der ganzen Länge. Dabei hält man die Läufe zwischen den Fingerkuppen fest und achtet darauf, dass die Riemenbügel nicht an den Läufen anliegen. Bei intakter Lötung reagieren die Läufe wie eine Stimmgabel, der Ton klingt eine Weile nach.

Hört sich der Ton dumpf oder rau an, muss die Stelle ganz genau untersucht

◀ Überprüfung der
Verlötung mit einer
Stahlnadel

werden, denn meist stimmt dann etwas nicht. Das geht mit einer gewöhnlichen Nadel aus Stahl, deren Spitze innen in der Fuge zwischen Lauf und Schiene entlanggezogen wird. Man fühlt sofort, wenn Zinn fehlt. Die Nadel bleibt dann hängen.

Bei kombinierten Waffen wirkt sich eine lose Schiene verheerend auf die Präzision aus und hier muss genau geprüft werden.

„Abdrücken"

Den Verdacht, dass die Verlötung einer teuren Waffe nicht dicht ist, sollte ein Fachmann überprüfen. Er wird sie „abdrücken": Erst wird Seifenwasser über die Lötfugen gepinselt und dann über eine Öffnung – z. B. das Schraubloch für den Riemenbügel oder bei Drillingen das Loch für die Stange des Klappvisiers – Druckluft zwischen die Läufe geblasen. Sitzt die Schiene irgendwo lose, wird das sofort sichtbar.

Ein neues Verlöten ist nicht gerade billig, denn danach muss das Laufbündel auch wieder neu brüniert werden.

Laufaufbauchungen

Besonders Schrotläufe, die sehr dünne Wandungen haben, sind sehr empfindlich gegenüber mechanischen Belastungen – sowohl von innen als auch von außen. Sie müssen sorgfältig auf Laufaufbauchungen kontrolliert werden.

Das hört sich einfach an, ist aber in der Praxis gar nicht so leicht. Eine flache und symmetrische Aufbauchung ist für den ungeübten Beobachter nur sehr schwierig zu entdecken.

Die beste Methode ist, entlang der Außenseite der Läufe entlangzusehen, wobei sich das Auge etwa zehn Zentimeter hinter dem Patronenlager befindet. Der Lauf muss gut beleuchtet sein, und nun wird die Mündung langsam einige Zentimeter angehoben und abgesenkt. Die kleinste Unebenheit wird so sichtbar.

Das Laufbündel wird gedreht und sorgfältig untersucht. Um die Innenseite zu prüfen, muss Licht von vorn in den Lauf fallen, wenn hindurchgesehen wird. Ideal ist eine kleine Laufprüflampe.

Eine Laufaufbauchung wird als schwarzer Ring sichtbar. Auch wenn es nur ein paar Zehntel Millimeter sind, wird sich ein markanter Schatten abzeichnen. Auch die Mündung muss sorgfältig kontrolliert werden.

Bei Laufaufbauchung – Finger weg!

Von Waffen mit Laufaufbauchungen sollte man die Finger lassen, auch wenn eine weit genug vorn sitzende Aufbauchung die Schussleistung nur unwesentlich beeinflusst. Das Material ist an der Stelle der Aufbauchung jedoch dünner, und wie sich das auf Dauer auswirkt, ist nur sehr schwer zu beurteilen. Laufaufbauchungen können auch nicht repariert werden. Von der Außenseite wieder zurückhämmern geht nicht – auch wenn dies mitunter von „Spezialisten" versucht wird!

▶ **Die Laufmündung darf keine Beschädigung zeigen.**

Zustand des Kugellaufs

An Kugelläufen wirkt sich besonders eine Beschädigung der Laufmündung negativ auf die Präzision aus. Hohe Schusszahlen beanspruchen Kugelläufe erstaunlich wenig. Selbst nach einigen Tausend Patronen schießen Kugelläufe in Standardkalibern, die keine besondere Belastung hervorrufen, noch präzise – wenn sie richtig gepflegt wurden! Werden aber bei der Pflege Fehler gemacht, kann es schon nach kurzer Zeit vorbei sein mit der Präzision.

Beim Durchschauen kann schon eine Menge über den Zustand des Laufs erkannt werden. Die Züge müssen scharfkantig erscheinen, und besonders direkt hinter dem Patronenlager sollte kein matt schimmernder, rau aussehender Bereich zu sehen sein, der auf Ausbrennungen hindeuten würde. Besonders bei schnellen Magnumpatronen muss hier genau geschaut werden.

Um den Lauf zu begutachten, muss Licht in das Laufinnere gelangen. Dafür gibt es spezielle Laufleuchten, die nur ein paar

◀ Die Laufhaken dürfen keine Bearbeitungsspuren aufweisen.

Euro kosten und eine bequeme Innenansicht des Laufs gestatten. Zur Not lässt sich auch mit der spiegelnden Klinge eines Taschenmessers vom Verschluss her Licht ins Laufinnere bringen.

Ob der Lauf innen an einer Stelle weiter ist, lässt sich mit einem stramm sitzenden Patch auf dem Patchhalter des Putzstocks prüfen. Langsam durch den Lauf geschoben, wird eine erweiterte Stelle des Laufs sofort durch nachlassenden Widerstand angezeigt. Der Widerstand muss also auf der gesamten Lauflänge gleich bleiben.

Die Verriegelung

Ein etwas lockerer Verschluss ist noch keine Katastrophe und lässt sich in bestimmten Fällen leicht wieder richten. Es kann aber auch eine sehr teure Angelegenheit werden, sodass sich der Kauf einer solchen Waffe nicht lohnt. Hier muss zunächst genaue Ursachenforschung betrieben werden. Locker ist nicht gleich locker, entscheidend ist der Auslöser des Problems.

Scharnierstift oder Laufhakenpassung?

Um festzustellen, ob der Verschluss locker ist, wird der Vorderschaft entfernt, der Schaft unter den Arm geklemmt und die Waffe kräftig geschüttelt. Wenn es jetzt in der Waffe „klopft", ist der Verschluss nicht dicht.

Häufigste Ursache eines etwas zu lockeren Verschlusses ist ein abgenutzter Scharnierstift und der lässt sich leicht ersetzen. Geringes Spiel im Verschlusskeil verschwindet, wenn der Scharnierstift ausgetauscht wird.

Liegt das Problem aber bei der Passung der Laufhaken in der Basküle, wird es schon schwieriger. Hier muss zumindest der komplette Schlossriegel ausgetauscht werden, wenn nicht noch andere „Operationen" notwendig sind.

Horizontal- oder Vertikalspiel

Der Verschlussstift hält Läufe und Basküle zusammen. Liegt die Ursache hier, ist stets Vertikalspiel vorhanden, die Läufe wackeln also nach oben und unten.

Wackelt das Laufbündel auch seitlich, ist die Sache schon komplizierter und meistens auch kostenträchtiger. Die Laufhaken sollten sorgfältig auf Hammerspuren untersucht werden, um festzustellen, ob hier schon mal jemand versucht hat, den Schaden zu beheben. Es wird oft versucht, Spiel auf unsachgemäße Weise zu vertuschen, indem der hintere Laufhaken gestaucht wird. Auch die vordere Kante am hinteren Laufhaken wird manchmal gestaucht, um den Verschluss wieder festzubekommen. Das hält aber nur einige Schuss und dann ist das Spiel wieder da.

Feststellen lässt sich eine solche „Pfuschdichtung", indem die Laufhaken mit einem Filzschreiber geschwärzt werden. Wird die Waffe jetzt geschlossen, kratzt der Verschlusskeil die Markierung nur auf den kleinen Anlagestellen und nicht auf den ganzen Flächen weg.

Zeigt die Waffe seitliches Spiel, bleibt nur der Weg zum Büchsenmacher, um zu erfahren, was eine fachgerechte Reparatur kosten würde.

Schloss und Schlagbolzen

Außer dem äußeren Ende der Schlagbolzen ist bei Kipplaufwaffen vom Schloss nicht viel zu sehen, wenn die Waffe nicht zerlegt ist. Das wird aber ein Laie bei einem Waffenkauf nur selten tun, und

> **Tipp**
>
> Sind an den Laufhaken Bearbeitungsspuren zu sehen, muss die Waffe unbedingt von einem Fachmann untersucht werden. Durch Stauchung der Laufhaken lässt sich ein lockerer Verschluss nicht seriös reparieren! Hier müssen Riegelbolzen oder Verriegelungsschieber ausgetauscht werden.

> **Tipp**
>
> Beschädigte Schraubenschlitze am Schlosswerk von Kipplaufwaffen sind immer ein Zeichen dafür, dass hier schon mal ein Laie Hand angelegt hat. Grund genug, einen Büchsenmacher einmal einen Blick ins Innere der Waffe werfen zu lassen.

der Verkäufer wird auch kaum zulassen, dass ein Nichtfachmann seine Waffe auseinandernimmt – abgesehen davon, dass bei vielen Modellen dazu auch Spezialwerkzeug erforderlich ist. Schrauben sind schnell vermurkst, wenn der Schraubenzieher nicht genau passt.

Schlagbolzenprüfung

Doch auch ohne Demontage ist einiges feststellbar. Der Schlagbolzen sollte etwa 1,2 bis 1,5 mm aus dem Stoßboden herausstehen und muss in der Bohrung sauber geführt werden. Ist die Schlagbolzenbohrung deutlich zu groß, können bei einem Zündhütchendurchbläser so viele Pulvergase in die Waffe eindringen, dass der Schaft bricht.

Rückschlüsse auf den Zustand der Schlagfedern und der Schlagbolzen lassen sich auf den Schlagbolzeneindrücken abgefeuerter Hülsen ziehen. Sind die Eindrücke schwach oder asymmetrisch, können die Schlagbolzen deformiert, das Schloss verschmutzt oder die Schlagfedern zu schwach sein. Es besteht auch die Möglichkeit, dass das Patronenlager zu tief ist. Ein untrügliches Zeichen für schwergängige oder verbogene Schlagbolzen ist, wenn beim Öffnen der Waffe am Zündhütchen ein Kratzer nach unten entsteht. Zeigt sich an den Schlagbolzeneindrücken, dass etwas nicht in Ordnung ist, muss die Waffe zerlegt und

weitere Ursachenforschung betrieben werden. Das ist jedoch Arbeit für den Fachmann.

Abzug und Ejektoren

Auch der Abzug und die Sicherung werden genau untersucht. Die Abzugscharakteristik sollte den eigenen Vorstellungen entsprechen. Zweifelsohne lässt sich ein Abzug regulieren, doch gerade bei Kipplaufwaffen ist das aufwendig und entsprechend teuer.

Bei Flinten wird zusätzlich noch die einwandfreie Funktion der Ejektoren überprüft. Das Ejektorsystem muss so arbeiten, dass die Schlösser der Waffe gespannt werden, bevor die Hülsen aus der Waffe ausgeworfen werden. Werden die Hülsen vorher ausgeworfen, besteht die Gefahr, dass die Waffe nicht weit genug geöffnet wird und der nächste Schuss nicht abgegeben werden kann.

Kontrolle der Sicherung

Die Waffe wird ungeladen gespannt und entsichert. Dann wird geprüft, ob der Abzug etwas Spiel hat. Danach wird der Abzug vorsichtig belastet, bis ein Widerstand fühlbar und alles Spiel verschwunden ist.

Man hält den Abzug jetzt fest und sichert die Waffe. Nun sollte spürbar sein, dass sich der Abzug etwas nach vorn bewegt. Bei hochwertigen und sehr genau gearbeiteten Waffen kann das kaum merkbar sein und es gehört etwas Gefühl dazu. Die Waffe wird dann entsichert und der Abzugswiderstand mit einer Federwaage gemessen. Nach erneutem Sichern wird der Abzug hart gedrückt, die Waffe wieder entsichert und der Abzugswiderstand erneut mit der Federwaage gemessen. Ist der Abzugswiderstand jetzt geringer geworden, sollte die Waffe zerlegt und näher untersucht werden.

▲ **Bei gebrauchten Kipplaufwaffen immer den Schlagbolzenvorstand kontrollieren! Zu lange Schlagbolzen verursachen Zündhütchendurchbläser, zu kurze Schlagbolzen Zündprobleme.**

Schussleistungsprüfung

Zuletzt wird die Präzision der Waffe überprüft. Dies sollte möglichst mit einem Schießgestell geschehen, um die Schützenstreuung weitgehend auszuschließen. Kombinierte Waffen werden ausschließlich kalt geschossen.

Kugelläufe

Zwischen jedem Kugelschuss sollte eine Pause von mindestens 10, besser noch 15 Minuten liegen. Es werden fünf Schüsse abgegeben und dann das Schussbild ausgemessen.

Bei kombinierten Waffen sollten keine übertriebenen Anforderungen an die Präzision gestellt werden. Eine Waffe, die Streukreise von 4 bis 5 cm auf 100 m mit fünf Schüssen erreicht, ist für den normalen Jagdbetrieb vollkommen ausreichend präzise. Nur wer wirklich weit schießt, etwa im Gebirge, sollte höhere Anforderungen stellen. Die „Revierstreuung" ist in der Regel weitaus größer als die Waffenstreuung.

Eine Besonderheit sind Waffen mit zwei verlöteten Kugelläufen wie Doppelbüchsen, Bockbüchsen oder Doppelbüchsdrillinge. Sie sind für zwei schnell hintereinander abgefeuerte Kugelschüsse ausgelegt und müssen in einem bestimmten Zeittakt geschossen werden. Nur dann schießen die beiden Läufe zusammen – aber auch nur auf eine bestimmte Entfernung ganz genau. Bezüglich der Präzision müssen bei Waffen mit zwei Kugelläufen natürlich Abstriche gemacht werden. Schießt eine Doppelbüchse auf 80 m zwei Schusspaare in einen Bierdeckel, reicht das für Drückjagdsituationen völlig aus. Bergstutzen oder Bockdrillinge, also Waffen mit zwei Kugelläufen unterschiedlichen Kalibers, werden immer kalt geschossen.

Schrotläufe

Auch Schrotläufe müssen überprüft werden. Sind zwei Läufe vorhanden, ist besonders die Treffpunktlage zueinander wichtig. Die Prüfung erfolgt auf 35 m Schussentfernung, wobei die Waffe zweckmäßigerweise auch hierbei aufgelegt wird.

Visiert wird so, dass das Korn auf dem Kastenrücken aufsitzt. Bei derartigem Visieren sollte eine Flinte Strich und Fleck schießen. Je nach Schaftform – gerader oder stark gesenkter Schaft – kann hier noch ein Tiefschuss von bis zu 15 cm toleriert werden.

Zur Überprüfung der Deckung eignet sich die 16-Felder-Hasenscheibe bestens, die im Fachhandel zu bekommen ist und guten Überblick über das Deckungsbild und die Kerngarbe bietet. Unbedingt sollte mit verschiedenen Schrotgrößen geschossen werden. Es gibt Flinten, die schießen feine Schrote hervorragend, mit groben Schroten aber sieht das Deckungsbild fürchterlich aus – umgekehrt natürlich genauso. Je nach angestrebtem Verwendungszweck sollten auch die Schrotgrößen geschossen werden, die später im Revier benutzt werden.

Fehlende Präzision

Schießt die Waffe nicht präzise, kann das mehrere Ursachen haben. Ist der Lauf in einwandfreiem Zustand, der Verschluss fest und die Anschussvoraussetzungen so, dass Schützenfehler auszuschließen sind, liegt es entweder an der Munition, der Zielfernrohrmontage oder dem Zielfernrohr selbst.

Keine Waffe schießt mit jeder Laborierung präzise. Hier sollten mehrere Fabrikate und Geschossgewichte ausprobiert werden. Bei einer Gebrauchtwaffe sollte der Besitzer aber in der Regel wissen,

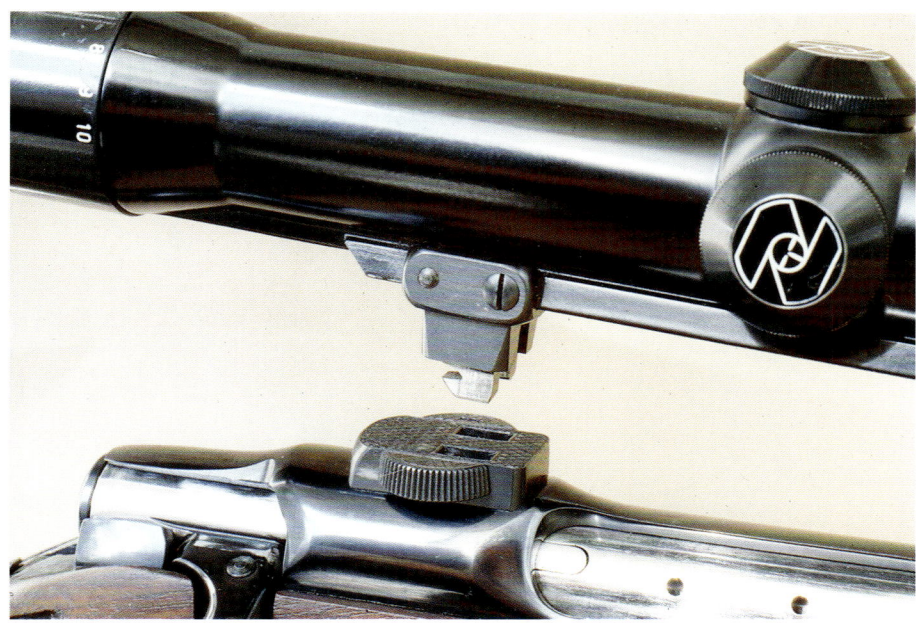

◄ Einhakmontagen dürfen nicht übermäßig unter Spannung stehen.

womit seine Waffe präzise schießt. Mit dieser Munition sollte zuerst geschossen werden.

Fehlerquelle Zielfernrohrmontage

Häufigster Fehler für mangelnde Präzision eines Kugellaufs ist eine defekte Zielfernrohrmontage. Kipplaufwaffen – und besonders ältere Modelle – sind sehr oft mit der Suhler Einhakmontage ausgestattet, und diese birgt besonders viele Fehlerquellen.

Suhler Einhakmontage

Die kleinen Füße verbiegen schnell bei unsachgemäßer Handhabung, und wenn die Montage zu viel Spannung hat, sind konstante Schussbilder kaum zu erwarten. Wird der Schieber zurückgezogen und der Hinterfuß springt vehement hoch, ist das ein Zeichen, dass die Montage stark unter Spannung steht. Bei starkem Gebrauch und oftmaligem Aufsetzen und Abnehmen des Zielfernrohrs ist die Montage manchmal auch so weit abge-

nutzt, dass sie regelrecht locker ist. Wird kräftig am Glas gerüttelt, ist das oft schon spürbar. Einhakmontagen sind aufwendig und eine Reparatur oft teuer. Bevor eine Waffe mit defekter SEM erworben wird, sollte ein Büchsenmacher nach den Reparaturkosten befragt werden.

Fehlerquelle Zielfernrohr

Bei der Schießprüfung sollte auf jeden Fall geprüft werden, ob sich die Treffpunktlage nach Abnehmen und Aufsetzen des Glases ändert. Liegt das Problem am Zielfernrohr selbst, ist das für den Laien schwierig zu erkennen. Von außen ist nicht viel zu sehen und zerlegen kann man ein Zielfernrohr nur in einer gut ausgestatteten Werkstatt.

Prüfung durch den Hersteller

Ist die Montage einwandfrei und zeigt die Waffe über die offene Visierung eine gute Präzision, muss das Glas zur Überprüfung an den Hersteller geschickt werden. Das Zielfernrohr muss auf Beschädigun-

▶Hier hat sich der Kleber innen an der Frontlinse gelöst. Das Glas muss repariert werden.

Tipp

Dichtungen in Zielfernrohren altern. Hat ein Glas schon 20 Jahre auf dem Buckel, ist davon auszugehen, dass sich die Stickstofffüllung längst verflüchtigt hat und kein Schutz gegen Innenbeschlag mehr vorhanden ist.

gen überprüft werden. Kratzer auf den Linsen sind bei Tageslicht oder Kunstlicht auf dem Schießstand kaum zu erkennen, bei nachlassendem Licht aber ein Ärgernis in der Jagdpraxis.

Bei älteren Modellen kann es vorkommen, dass sich der Kleber, mit dem die Linsen eingekittet sind, der sogenannte Kanada-Balsam, löst. Beim Durchschauen ist das kaum zu erkennen, blickt man aber von vorn ins Glas, ist oft ein milchiger Schatten zu sehen.

Prüfung der Absehenverstellung

Die Funktion der Absehenverstellung kann getestet werden, indem zunächst ein Schussbild geschossen wird und dann Höhen- und Seitenverstellung um genau abgezählte Clicks verdreht werden. Der nächste Schuss liegt jetzt mit entsprechender Höhen- und Seitenabweichung von der ersten Schussgruppe entfernt.

Optikwechsel kann teuer werden

Ältere Waffen sind oft mit lichtschwachen Zielfernrohren ausgestattet, die den Ansprüchen vieler Jäger nicht mehr genügen. Bei einer Waffe mit Suhler Einhakmontage kann ein Austausch eine teure Sache werden. Die Vorderplatte muss häufig versetzt werden und meist ist anschließend auch eine Neubrünierung des Laufbündels fällig. Wenn die Waffe dann endlich einsatzbereit ist, ist aus dem vermeintlichen Schnäppchen schnell ein teurer Spaß geworden.

Dann wird die Verstellung wieder auf die Ausgangsposition zurückgedreht. Der Folgeschuss sollte jetzt wieder innerhalb der ersten Schussgruppe liegen.
Diese Prüfung funktioniert bei Gläsern der Spitzenklasse problemlos, wenn sie in technisch einwandfreiem Zustand sind. Bei Billiggläsern sollte man hier aber nicht zu viel erwarten.

Büchsen

Im Folgenden wollen wir uns vor allem mit den ganz überwiegend geführten klassischen Repetierbüchsen befassen. Die Kontrolle des Laufs erfolgt bei Repetierbüchsen analog zu der für Kipplaufwaffen beschriebenen Vorgehensweise.

Patronentransport und Verschluss
Größter Vorteil der Repetierbüchse ist die Möglichkeit, mehrere Schüsse hintereinander abzugeben. Die reibungslose Funktion des Magazins, der Zuführung und des Hülsenauswurfs ist damit von größter Bedeutung und muss genau kontrolliert werden.

Mit Exerzierpatronen und vollem Magazin
Dazu werden unbedingt Exerzierpatronen benötigt. Die gibt es fertig zu kaufen. Sie können aber auch von jedem Wiederlader problemlos angefertigt werden. Dann ist aber unbedingt eine sichere Kennzeichnung notwendig, um Verwechslungen mit scharfer Munition auszuschließen. Es ist wichtig, das Magazin vollständig zu füllen und alle Patronen nacheinander in das Patronenlager zu repetieren. Der Verschluss sollte leichtgängig arbeiten und die Patronen müssen sicher ausgeworfen werden. Es wird sowohl mit

langsamen als auch mit schnellen Bewegungen repetiert. Auch sollte man die Patronen unterschiedlich weit nach vorn ins Magazin einlegen. Diese erste Kontrolle ersetzt aber nicht den Test mit scharfer Munition, denn wenn ein Schuss abgefeuert wird und die Rückstoßkräfte wirken, kann es ganz anders aussehen. Alle weiteren Versuche müssen daher auf dem Schießstand vorgenommen werden. Nach dem Schuss muss die Waffe sich leicht und ohne große Mühe öffnen lassen. Ist der Verschluss jetzt schwergängig und lässt er sich nur unter größerem Kraftaufwand öffnen, stimmt irgendetwas nicht.

Ursachenforschung
Für Verschlussprobleme gibt es mehrere Ursachen. Einmal kann der Gasdruck der Patrone zu hoch sein, was bei Fabrikmunition aber eher unwahrscheinlich ist. Es kann aber auch daran liegen, dass die Patronenlagertoleranzen zu groß sind oder der Winkel zwischen Patronenlager und Stoßboden nicht stimmt. Rückschlüsse lassen sich auch hier aus der abgefeuerten Hülse ziehen.
Stark abgeflachte Zündhütchen oder gar Deformationen im hinteren Hülsenteil weisen auf zu hohe Gasdrücke hin. Schuld ist dann nicht immer die Patrone.

Übergang zu kurz
Es kann auch daran liegen, dass der Übergang des Patronenlagers zum Lauf zu kurz ist. Werden Laborierungen mit schweren Geschossen benutzt, die entsprechend lang sind, liegen diese bereits an den Zügen an und der Ausziehwiderstand aus der Hülse und der Einpresswiderstand in die Züge fallen sammen. Das führt zu Gasdrucksteigerungen und kann sogar gefährlich werden.

▶ **Das Zünd-
hütchenbild sagt
dem Fachmann eine
Menge. Hier verur-
sacht ein fehler-
hafter Schlagbolzen
Kratzer auf dem
Hülsenboden, wenn
die Waffe geöffnet
wird. Die stehende
Hülse zeigt einen
Dehnungsriss über
dem Boden, der auf
einen fehlerhaften
Verschlussabstand
hindeutet.**

bei geschlossenem Verschluss. Normaler-
weise liegt er bei 0,1 bis 0,15 mm.
Ist der Verschlussabstand zu groß, dehnt
sich die Hülse beim Schuss zu stark in
Längsrichtung und kann sogar reißen.
Bei zu großem Verschlussabstand ist an
den abgefeuerten Hülsen im unteren
Drittel meist ein heller Dehnungsring zu
erkennen. Wird dies festgestellt, sollte ein
Büchsenmacher den Verschlussabstand
kontrollieren.
Ratsam ist, die Kammer zu zerlegen und
einen Blick in das Innere und auf den
Schlagbolzen zu werfen. Hier kann sich
sehr schnell Rost festsetzen, wenn der
Besitzer die Pflege vernachlässigt hat.

Mauser-Auszieher

Dieses kleine Teil ist von enormer Wich-
tigkeit und sollte genau kontrolliert
werden. Der lange Mauser-Auszieher ist
eine robuste Konstruktion und wird auch
mit festgeklemmten Hülsen fertig. Oft
wird aber daran herumgebastelt, um den
Verschluss leichtgängiger zu machen.
Wird zu viel von der vorderen Kante, die
die Hülse hält, weggeschliffen, kann es
zu Fehlfunktionen kommen.
Ob ein langer Mauser-Auszieher
einwandfrei greift, lässt sich kontrollieren, indem bei herausgenommenem
Verschluss eine Patrone unter den
Auszieher gesteckt wird. Sie muss bei
waagerecht gehaltenem Verschluss sicher
gehalten werden. Die kleinen, gefederten

Einen zu kurzen Übergang erkennt
man daran, dass der Verschluss sich bei
Patronen mit leichten, kurzen Geschossen normal öffnen lässt, aber bei Munition mit schweren, langen Geschossen
sehr schwergängig ist. Beim Testschießen sollten daher also immer Patronen
mit schwerem und leichtem Geschoss
probiert werden.

Zu wenig Raum für Hülsenhals

Ein anderer Gasdruck erhöhender Fehler
liegt an einem zu kurzen Raum für den
Hülsenhals. Dann wird der Hülsenhals an seinem Ende gestaucht und der
Ausziehwiderstand des Geschosses steigt
stark an. Dieser Fehler lässt sich einwandfrei nur mit einem Patronenlagerabguss
feststellen.

Verschlussabstand zu groß

Ein häufiger Fehler bei Repetierern ist
ein zu großer Verschlussabstand. Unter
Verschlussabstand versteht man den
Spielraum der Patrone in Längsrichtung

> **Tipp**
>
> Gefederte Auszieherkrallen sind anfällig
> für Verschmutzung. Wird die abgeschos-
> sene Hülse nicht sicher ausgezogen, hilft
> es oft, den Auszieher auszubauen und
> darunter angesammelte Schmutzpartikel
> und Pulverrückstände zu entfernen.

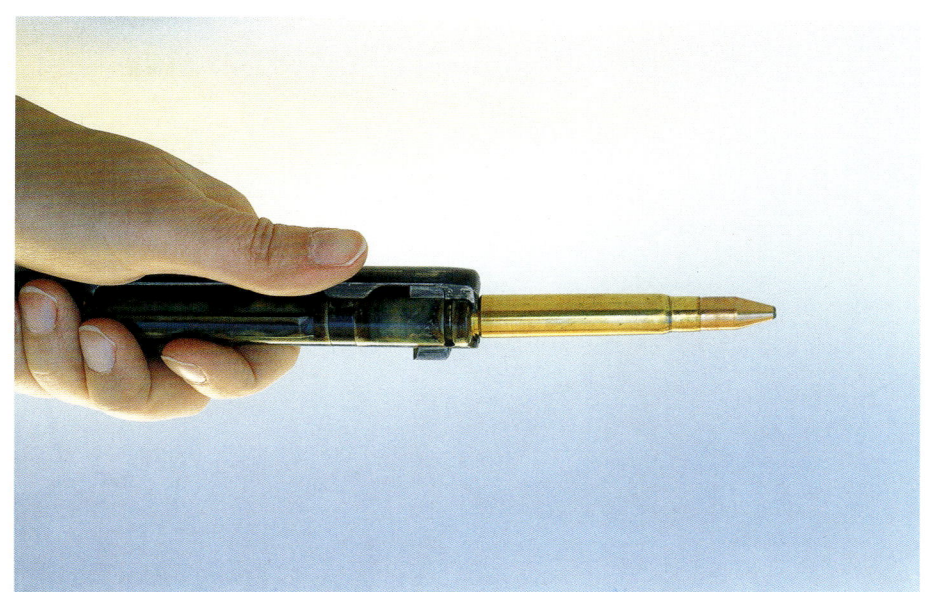

◀ Der Auszieher muss die Patrone sicher festhalten.

Auszieherkrallen der modernen Systeme sind schon etwas problematischer. Auch hier wird die Patrone bei herausgenommenem Verschluss unter die Auszieherkralle gesteckt. Dann werden Patrone und Verschluss gegeneinandergehalten und kräftig gezogen. Die Patrone darf sich nicht lösen.

Der Auswerfer

Der Auswerfer befördert die leere Hülse aus der Waffe. Die Hülse soll kräftig herausgeschleudert werden und nicht etwa nur herausrutschen.
Arbeitet der Auswerfer als gefederter Stift im Stoßboden, muss geprüft werden, ob sich der Stift leicht eindrücken lässt und nicht hakt.
Bei Waffen mit Seitenauszieher ist eine kleine, federbelastete Metallzunge seitlich in der hinteren Hülsenbrücke eingelassen. Wird der Verschluss in die hinterste Stellung gezogen, federt der Auswerfer durch eine eingefräste Rille des Schlosses und trifft den Hülsenboden seitlich. Bei richtig justiertem Auswerfer wird die Hülse waagerecht zur Seite herausgeschleudert. Bei diesem System ist die Kraft, mit der der Verschluss nach hinten gezogen wird, für die Auswerferfunktion maßgeblich. Systeme mit seitlichem Auswerfer sollten deshalb nicht zu zaghaft bedient werden.

Abzug und Abzugsstollen

Alle Repetierer sollten mit Exerzierpatronen oder Patronenhülsen im Magazin überprüft werden. Die Härte und der Eingriff des Abzugs sind davon abhängig, wie der Verschluss belastet wird.
Befinden sich Patronen im Magazin, wird der Verschluss nach oben gedrückt und der Eingriff zwischen Schlagbolzen und Abzugsstollen verändert sich. Besonders bei Büchsen mit trocken stehendem Flintenabzug muss der Eingriff zwischen Abzugsstollen und Schlagbolzen sehr gering sein, um eine gute Abzugscharakteristik zu erreichen.
Das aber kann Sicherheitsprobleme zur Folge haben. Wird hier nicht richtig justiert, kann es manchmal schon ausrei-

▶ Bei fehlerhaftem
Auswerfer werden
die leeren Hülsen
nicht richtig aus-
geworfen und es
kommt zu Funk-
tionsstörungen.

▶ Das Schloss einer
Repetierbüchse darf
nicht auslösen,
wenn Druck auf die
Schlagbolzenmutter
ausgeübt oder sie
angehoben wird.

chen, mit dem Daumen den Schlagbolzen von unten nach schräg oben zu
drücken, um den Schuss auszulösen. Bei
Waffen, die nur über eine Abzugssiche-
rung verfügen, geht das sogar im gesicherten Zustand. So etwas ist natürlich
lebensgefährlich.

Prüfmethode

Zur Überprüfung wird das Magazin
voll mit leeren Hülsen geladen und die
Kammer einige Male kräftig geöffnet und
wieder geschlossen. Bei manchen Waffen
wird jetzt schon der Schlagbolzen ausgelöst. Anschließend wird der Schlagbolzen

◀ Der Lauf einer Repetierbüchse muss frei schwingen können und darf nirgendwo am Schaft anliegen.

wie beschrieben mit dem Daumen belastet oder es wird sogar mit einem kleinen Schraubenzieher, der unter den Schlagbolzen gesteckt wird, Druck durch Hebeln nach oben ausgelöst. Es darf nichts passieren, sonst ist die Waffe nicht sicher. Bei Waffen mit Flügelsicherung muss sich der Schlagbolzen beim Sichern etwas nach hinten bewegen und der Abzug anschließend frei nach hinten ziehen lassen. Wird er losgelassen, muss er in

Repetierbüchsen sind robust

Repetierbüchsen sind sehr robuste Waffen und ihr Verschluss hat eine extrem hohe Lebensdauer. Auch den Lauf einer Jagdwaffe wird ein Jäger kaum ausschießen können. Bei Standardkalibern sind dazu viele Tausend Patronen nötig. Ist die Waffe in einem guten Allgemeinzustand, funktioniert sie einwandfrei, und schießt sie präzise, kann hier beim Kauf einer Gebrauchtwaffe nicht viel falsch gemacht werden. In dieser Hinsicht sind Repetierbüchsen sehr unproblematisch.

seine ursprüngliche Position problemlos zurückkehren.

System und Laufbettung

Die Überprüfung der Schussleistung geschieht wie bei den Kipplaufwaffen. Ursache für die schlechte Schussleistung einer Repetierbüchse kann neben den bereits beschriebenen Fehlern aber auch eine fehlerhafte System- oder Laufbettung sein. Das System darf nicht verspannt sein, sonst ist keine konstante Präzision zu erwarten.

Das wird überprüft, indem eine der beiden Systemhalteschrauben gelöst wird. Wird nur eine Schraube gelöst, darf sich das System nicht aus dem Schaftbett heben. Tritt dies auf, liegt das System nicht ganz eben im Schaft und die Bettung muss nachgebessert werden. Der Lauf einer Repetierbüchse sollte frei schwingen können und nirgends Kontakt zum Schaftholz haben. Ein Karton von etwa der Dicke einer Postkarte muss sich von der Mündung bis zum Patronenlager

▶ Bei kostbaren, alten Waffen empfiehlt es sich, ein Wertgutachten durch einen Experten erstellen zu lassen.

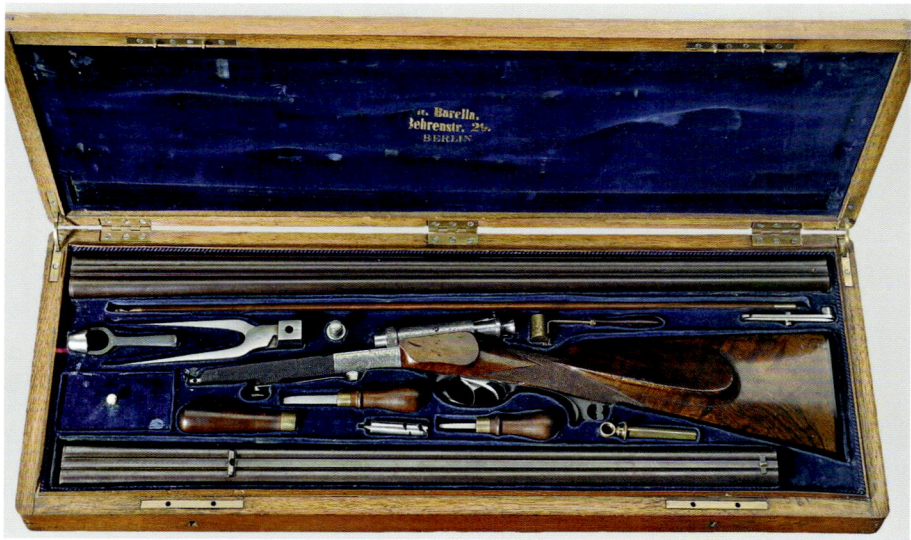

zwischen Schaft und Lauf durchziehen lassen. Hakt es, sollte das Laufbett nachgestochen werden.

Selbstlader

Halbautomatische Schrotflinten oder Büchsen müssen neben den bereits besprochenen Prüfungen von Lauf, Abzug und Sicherheitseinrichtungen hauptsächlich auf ihre einwandfreie Funktion getestet werden. Ältere Typen sind oft munitionsabhängig und vertragen nicht jede Patronensorte.
Bei vielen halbautomatischen Schrotflinten älteren Datums muss die vom Gasdrucksystem abgezapfte Gasmenge von Hand auf die jeweilige Patrone eingestellt werden. Hier ist es gut, wenn eine Bedienungsanleitung vorhanden ist. Auch das Zerlegen zum Reinigen einer solchen Waffe sollte sich ein Käufer vom Verkäufer genau erklären lassen. Auf dem Schießstand sollten dann schnelle Schussserien abgegeben werden, um zu sehen, ob die Waffe auch jetzt einwandfrei funktioniert.

Augen auf bei Gebrauchtwaffen!

Der Kauf einer gebrauchten Jagdwaffe sollte mit der nötigen Sorgfalt geschehen. Nur wer genau prüft, ist vor späteren Überraschungen sicher. Kommen auch nur leise Zweifel über den einwandfreien Zustand auf, sollte immer ein Fachmann hinzugezogen werden. Nur so lässt sich späterer Ärger oder sogar eine Gefährdung der eigenen Gesundheit oder der von Mitjägern vermeiden.
Besonders gebrauchte Kipplaufwaffen sollten genau auf Defekte überprüft werden. Wer hierzu nicht in der Lage ist, sollte die Waffe vor dem Kauf von einem Büchsenmacher durchsehen lassen oder ein Gutachten von einer entsprechenden Stelle, etwa der DEVA, anfertigen lassen. Besonders bei teuren Waffen ist dies unbedingt zu empfehlen. Dies gilt im Übrigen nicht nur für den Käufer, sondern auch für den Verkäufer, der so späteren Ärger vermeiden kann.
Eine Gebrauchtwaffe kann ein Schnäppchen, aber auch die Ursache für eine Menge Ärger sein.

Der Autor

Norbert Klups, geboren 1960 in Herne, ist seit mehr als 35 Jahren als freier Autor für große Jagd- und Waffenzeitschriften wie Jagen weltweit, Deutsche Jagdzeitung, Rheinisch-Westfälischer Jäger, unsere Jagd und Das Deutsche Waffen-Journal tätig und veröffentlicht regelmäßig Testberichte über Waffen, Munition und Jagdoptik. Das vorliegende Buch ist sein elftes Fachbuch über diesen Themenkreis.
Bei seinen regelmäßigen jagdlichen Aktivitäten im In- und Ausland bringt der passionierte Jäger Testwaffen, neue Kaliber, verschiedene Geschosskonstruktionen und das Spektrum der Jagdoptik zum Einsatz, sodass er für sein Spezialgebiet auf reichhaltige Praxiserfahrung zurückgreifen kann.
Als Kreisjagdberater und Mitglied des Jägerprüfungsausschusses weiß Norbert Klups, welche Kenntnisse der Jäger über Jagdwaffen, Munition und Zubehör besitzen muss. Mit diesem Buch stellt er auch Jagdscheinaspiranten eine wertvolle Hilfe zur Vorbereitung auf die Jägerprüfung zur Verfügung.

Register

Bildnachweis

Mit 114 Fotos von Verfasser Norbert Klups, 3 Fotos von Ekkehard
Ophoven (S. 76, 78, 82) und 1 Foto von Karl-Heinz Volkmar (S. 92)
Mit 10 Illustrationen von RUAG Ammotec GmbH (Tab. S. 90:
Zeilen 1, 2, 4–8, 10; Tab. S. 91: Zeilen 6, 7); 8 Illustrationen von Carl
Zeiss Sports Optics GmbH (Tab. S. 58: alle) und 1 Illustration von
Schmidt & Bender GmbH & Co. KG (S. 62)

Impressum

Umschlaggestaltung von eStudio Calamar unter Verwendung zweier Fo-
tografien von Norbert Klups (Titel und Buchrückseite)
Mit 118 Farbfotos, 19 Farbzeichnungen und 7 Schwarzweißzeichnungen

Unser gesamtes lieferbares Programm und viele
weitere Informationen zu unseren Büchern, Spielen,
Experimentierkästen, DVD, Autoren und Aktivitäten
finden Sie unter **kosmos.de**

Gedruckt auf chlorfrei gebleichtem Papier

© 2014 Franckh-Kosmos Verlags-GmbH & Co. KG,
Stuttgart
Alle Rechte vorbehalten
ISBN 978-3-440-14495-4
Redaktion: Ekkehard Ophoven
Produktion: Die Herstellung
Printed in Slowakia / Imprimé en Slovaquie

Alle Angaben in diesem Buch er-
folgen nach bestem Wissen und
Gewissen. Sorgfalt bei der Umset-
zung ist indes dennoch geboten.
Der Verlag, der Autor und die He-
rausgeber übernehmen keinerlei
Haftung für Personen-, Sach- und
Vermögensschäden, die aus der
Anwendung der vorgestellten Materialien und Methoden entstehen
können. Dabei müssen geltende
rechtliche Bestimmungen und
Vorschriften berücksichtigt werden.

SPEZIALGESCHOSSE

rws-munition.de

RWS is a registered trademark of RUAG Ammotec, a RUAG Group Company.